Татьяна Михайловна Притуло

Аналитический подход к решению задачи обтекания затупленных профилей

Татьяна Михайловна Притуло

Аналитический подход к решению задачи обтекания затупленных профилей

LAP LAMBERT Academic Publishing

Impressum / **Выходные данные**

Bibliografische Information der Deutschen Nationalbibliothek: Die Deutsche Nationalbibliothek verzeichnet diese Publikation in der Deutschen Nationalbibliografie; detaillierte bibliografische Daten sind im Internet über http://dnb.d-nb.de abrufbar.

Библиографическая информация, изданная Немецкой Национальной Библиотекой. Немецкая Национальная Библиотека включает данную публикацию в Немецкий Книжный Каталог; с подробными библиографическими данными можно ознакомиться в Интернете по адресу http://dnb.d-nb.de.

Coverbild / Изображение на обложке предоставлено: www.ingimage.com

Verlag / Издатель:
LAP LAMBERT Academic Publishing
ist ein Imprint der / является торговой маркой
OmniScriptum GmbH & Co. KG
Heinrich-Böcking-Str. 6-8, 66121 Saarbrücken, Deutschland / Германия
Email / электронная почта: info@lap-publishing.com

Herstellung: siehe letzte Seite /
Напечатано: см. последнюю страницу
ISBN: 978-3-659-54194-0

СОДЕРЖАНИЕ

Глава 1

Получение аналитических оценок газодинамических параметров в точке торможения при обтекании симметричного затупленного профиля сверхзвуковым потоком

Задача обтекания затупленного тела сверхзвуковым потоком является одной из важнейших в сверхзвуковой аэротермодинамике. Эта задача имеет несомненный теоретический интерес, поскольку при обтекании затупления необходимо поставить и решить краевую задачу для системы уравнений смешанного типа. К тому же подробные сведения о полях течения вблизи затупленных тел весьма важны и в практическом отношения, так как при сверхзвуковых скоростях полёта большинство летательных аппаратов имеет затупленные носки, а их крылья – затупленные передние кромки. Тупые носовые части обеспечивают отвод тепла с поверхности и аэродинамическое торможение при входе в атмосферу. В тех случаях, когда применяются заостренные носовые части, они неизменно оплавляются в полёте. Ещё следует отметить, что получение полной картины течения в окрестности достаточно длинного тела с отошедшей головной ударной волной целиком зависит от решения задачи обтекания затупленного носка. В критической точке появляются большие градиенты газодинамических параметров и, как следствие, в этой области наблюдаются и весьма существенные тепловые потоки. В основном эта задача до сих пор решалась численно [1,2] из-за сложности представления течения вблизи особой точки. Конечно, численные методы имеют ряд неоспоримых преимуществ, особенно в практических задачах, где необходимо детально знать всё поле течения, а не только силы, действующие на тело. Но для определения ряда газодинамических параметров в особой точке, особенно интенсивности скорости растекания, возможно применение лишь аналитических методов. С этой целью в данной работе предлагается аналитический подход к решению задачи обтекания симметричного профиля с затупленным носком в двумерной постановке. Течение считается стационарным.

Равномерный сверхзвуковой поток набегает на тело, имеющее затупление радиуса r. Рассматривается случай симметричного течения относительно продольной оси X. Происходит отход скачка уплотнения от тела на некоторое расстояние L, при этом радиус кривизны скачка уплотнения R превосходит радиус затупления рассматриваемого профиля. Необходимо определить форму отсоединённого скачка, расстояние от скачка до тела и все параметры течения. За скачком всегда существует дозвуковая область, затем течение опять становится сверхзвуковым. Ниже приведена схема рассматриваемого течения (рисунок 1.1.). В процессе исследования течение разбивалось на две подобласти, течение в которых описывается разными уравнениями, малые параметры задачи для этих подобластей тоже различны. Итак, область 1 – течение непосредственно за скачком уплотнения с малым параметром задачи x, а меньшая по размеру область 2 описывает течение вблизи носка профиля с малым параметром (L-x). Решение находится вблизи оси X, поэтому вертикальный размер y также является малым параметром задачи.

Инструментом исследования служит метод разложения в степенные ряды параметров течения как вблизи критической точки, так и вблизи точки непосредственно за скачком уплотнения. Решается прямая задача обтекания в плоском случае течения. В первом приближении можно ожидать, что радиус кривизны скачка R и величина его отхода L пропорциональны радиусу кривизны тела r. В данной постановке вблизи тела решение выписывается с точностью до квадратичных членов, а на скачке – до линейных. Это продиктовано тем, что вблизи тела присутствуют большие градиенты газодинамических параметров, поэтому течение здесь следует рассчитывать более точно по аналогии с течением в пограничном слое. К тому же разложение более низкого порядка (линейное) в окрестности точки торможения применить невозможно ещё и по той причине, что тогда на этом отрезке степенного ряда не будет присутствовать радиус кривизны головной части тела r. С другой стороны, добавление квадратичных членов в разложение для параметров течения непосредственно за скачком уплотнения вносит завихренность в поток. Поскольку вихревое течение в безвихревое не переходит, то такая постановка задачи вынуждает добавить кубические члены в разложение для тела, а это, в свою очередь, добавляет новые неизвестные параметры в задачу и приводит к громоздким выкладкам. Поэтому было решено ограничиться указанным выше количеством членов в разложении.

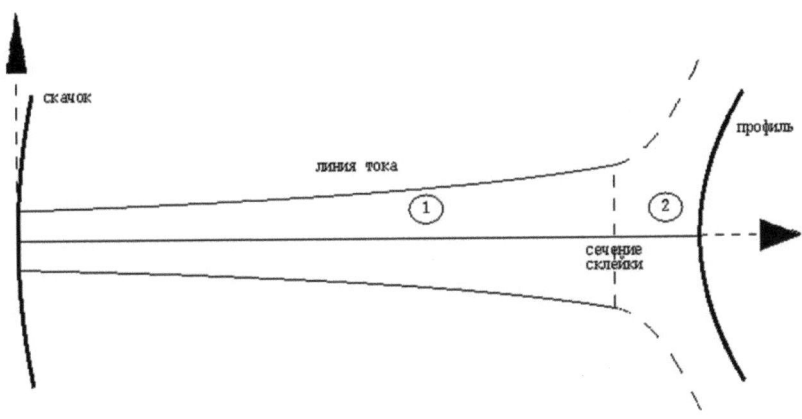

Рисунок 1.1. Общая схема течения между скачком и профилем

Один из возможных вариантов решения задачи для отсоединенного скачка рассмотрен в книге [3]. Здесь отмечается, что разработка достаточно точного численного метода решения в данном случае весьма затруднительна из-за невозможности воспроизведения физической картины течения, в частности достаточно точного положения звуковых линий. В упомянутой книге также предлагается метод разложения в степенные ряды, причём и для функции энтропии. Величина энтропии определяется, в свою очередь, кривизной скачка уплотнения. В итоге для двумерного течения были получены соотношения, зависящие от единственного параметра - разности углов наклона

5

к продольной оси скачка уплотнения и линии тока перед ним. Отмечается, что данный метод особенно удобен при достаточно большом числе Маха M однородного потока, когда расстояние между отсоединённым скачком и телом (L) мало. В работе [4] вышеописанный метод был применён к случаю обтекания тела вращения. Сравнение с экспериментом оказалось недостаточно удовлетворительным. Видимо, в этом случае не следует ограничиваться в разложении лишь двумя первыми членами.

Нельзя не отметить, что с помощью методов, основанных на разложении функций в степенные ряды, поле течения может быть определено лишь в малой области дозвуковой зоны течения. Это одно из существенных допущений предполагаемого метода. Поэтому автор не претендует на точное решение задачи, а лишь на получение ряда приближенных аналитических оценок для значений газодинамических параметров.

Ряд Тейлора для функции двух переменных имеет вид:

$$f(x,y) = f(x_0,y_0) + \{\frac{\partial f(x,y)}{\partial x} \cdot (x-x_0) + \frac{\partial f(x,y)}{\partial y} \cdot (y-y_0)\} +$$
$$+\frac{1}{2} \cdot \{\frac{\partial^2 f(x,y)}{\partial x^2} \cdot (x-x_0)^2 + 2\frac{\partial^2 f(x,y)}{\partial x \partial y} \cdot (x-x_0) \cdot (y-y_0) + \frac{\partial f^2(x,y)}{\partial y^2} \cdot (y-y_0)^2\} + \cdots \quad (1.1)$$
$$+\frac{1}{n!}\{\cdots\} + R_n$$

Рассматриваемые параметры течения в задаче – это две компоненты скорости $U(x,y)$ и $V(x,y)$, а также давление $P(x,y)$ и плотность газа $\rho(x,y)$. Подставляя в ряд (1.1) выражения для функций в начальной точке и их первых и вторых производных, можно получить разложение в ряды для искомых газодинамических параметров.

Вначале рассмотрим течение в области 1 непосредственно за скачком уплотнения. Параметры потока в этом случае могут быть вычислены из соотношения Рэнкина-Гюгонио для стационарной ударной волны, где наблюдается скачкообразное изменение параметров газа на очень небольшом участке, равном по порядку величины длине пути свободного пробега молекулы. Это показывает, что здесь имеет место внутренний молекулярный процесс, связанный с переходом кинетической энергии упорядоченного течения газа в кинетическую энергию беспорядочного теплового движения молекул. Этим объясняется значительный разогрев газа при прохождении его из невозмущённой области перед фронтом ударной волны в область возмущённого движения сразу за её фронтом. Повышение среднеквадратичной скорости пробега молекул вызывает также возрастание давления и плотности газа при переходе его через фронт ударной волны.

Обозначим индексом «1» параметры течения перед скачком, а индексом «2» - после скачка. Тогда соотношение Рэнкина-Гюгонио примет вид:

$$\frac{\rho_2}{\rho_1} = \frac{\dfrac{p_2}{p_1} + \dfrac{\gamma-1}{\gamma+1}}{1 + \dfrac{\gamma-1}{\gamma+1} \cdot \dfrac{p_2}{p_1}} \qquad (1.2), \qquad \text{где} \quad \gamma = \frac{c_p}{c_v} \text{ - отношение удельных}$$

теплоёмкостей.

Отношение удельной теплоёмкости жидкости при постоянном давлении c_p к удельной теплоёмкости жидкости при постоянном объёме c_v характеризует относительную сложность строения молекул жидкости. Этот параметр имеет большое значение в газодинамических исследованиях. В этой работе $\gamma = 1.4$, что соответствует среднестатистическим условиям обтекания для всех двухатомных газов при нормальных условиях вблизи поверхности Земли. Значение γ меняются по мере изменения температуры сравнительно мало.

Видно, что соотношение (1.2) отличается от изоэнтропической адиабаты Пуассона: $\dfrac{p_2}{p_1} = \left(\dfrac{\rho_2}{\rho_1}\right)^{\gamma}$. Поэтому уравнение (1.2) часто называют ударной адиабатой или адиабатой Гюгонио. Но здесь рассматривается разрывное течение с конечным скачком параметров. Отсюда можно сделать вывод, что прохождение идеального газа через скачок уплотнения не является изоэнтропическим процессом, а сопровождается необратимым переходом механической энергии в тепловую. Существует ещё одна форма записи условий Рэнкина-Гюгонио на ударной волне. Она имеет вид:

$$e_2 - e_1 = \frac{(p_1 + p_2) \cdot (\rho_2 - \rho_1)}{2 \cdot \rho_1 \cdot \rho_2}, \qquad (1.3)$$

где e_2 и e_1 - величины внутренней энергии, приходящейся на единицу массы за фронтом ударной волны и перед ним соответственно. Условия (1.2) и (1.3) вместе с соотношениями, описывающими термодинамические свойства среды, в том числе и с уравнением состояния, определяют физическое состояние газа за ударной волной. Следует отметить, что энтропия газа S возрастает при прохождении через фронт ударной волны, причём приращение энтропии составляет величину третьего порядка по сравнению с величиной скачка давления. Кроме того, давление, плотность и температура за ударной волной всегда имеют более высокие значения, чем перед ней.

Отметим также, что задача решается в рамках идеального газа или идеальной сжимаемой жидкости. В этой схеме отвлекаются от наличия внутреннего трения, считая, что по площадкам соприкасания двух движущихся друг относительно друга объёмов действуют лишь нормальные к площадке силы давления и полностью отсутствуют лежащие в плоскости площадки касательные силы.

Итак, запишем параметры течения непосредственно за скачком уплотнения в области 1, используя соотношение Рэнкина-Гюгонио. Получим в первом приближении:

$$U_{\text{скачок}} = -\frac{x \cdot A_{pr}}{R} + U_0$$

$$V_{\text{скачок}} = \frac{y \cdot (1 - U_0)}{R}$$

$$P_{\text{скачок}} = \frac{x \cdot A_{pr}}{R} + \frac{A_{pr} \cdot U_0}{1 - A_{pr} + U_0} \tag{1.4}$$

$$\rho_{\text{скачок}} = \frac{1}{U_0} + \frac{x \cdot (A_{pr} + U_0 - 1)}{R \cdot U_0^2}$$

Здесь и далее A_{pr} и U_0 - некоторые коэффициенты, зависящие лишь от числа Маха набегающего потока M_∞ и постоянной γ, определяемой как соотношение удельных теплоёмкостей:

$$A_{pr} = \frac{2(1 - \gamma + 2\gamma \cdot M_\infty^2)}{(1 + \gamma)^2 \cdot M_\infty^2} \qquad U_0 = \frac{2 - M_\infty^2 + \gamma \cdot M_\infty^2}{M_\infty^2 (1 + \gamma)} \qquad \gamma = \frac{c_p}{c_v}$$

Большая часть аналитических выкладок в работе с целью экономии времени и во избежание досадных ошибок выполнена с помощью пакета прикладных программ MATHEMATICA (Wolfram Research, версия 8.0). Особенно ценность применения этого пакета будет выявлена в дальнейшем, когда появиться необходимость в решении уравнений восьмой и даже двадцатой степени.

Теперь нужно записать параметры течения в окрестности носка профиля также в виде отрезка степенного ряда. Эти соотношения получить не так просто, как соотношения (1.4), поскольку здесь потребуется знание выражений для вторых производных. Получить эти зависимости можно путём дифференцирования уравнений движения невязкой идеальной жидкости. Запишем эту систему уравнений. Она состоит из уравнения неразрывности (1.5), двух уравнений сохранения импульса или уравнений движения Эйлера – по горизонтальной и вертикальным осям соответственно (1.6) и уравнения сохранения энергии.

$$\frac{\partial(\rho \cdot u)}{\partial x} + \frac{\partial(\rho \cdot v)}{\partial y} = 0 \qquad\qquad (1.5)$$

$$u\frac{\partial u}{\partial x} + v\frac{\partial u}{\partial y} = -\frac{1}{\rho} \cdot \frac{\partial p}{\partial x}$$
$$u\frac{\partial v}{\partial x} + v\frac{\partial v}{\partial y} = -\frac{1}{\rho} \cdot \frac{\partial p}{\partial y} \qquad\qquad (1.6)$$

Рассматривается стационарное течение, поэтому производные по времени вида $\frac{\partial f}{\partial t}$ в уравнениях (1.5) и (1.6) отсутствуют. Уравнение неразрывности вытекает из предположения, что движущаяся жидкость сплошным образом заполняет пространство или его определённую часть. При этом во время движения не происходит ни потери вещества, ни его возникновения. Это предположение налагает некоторые условия на изменение плотности и объёма жидкости во время движения. Эти условия и представляют собой уравнение неразрывности (1.5), записанное здесь в переменных Эйлера. Переменными Эйлера, как более актуальными в настоящее время, автор будет пользоваться и в дальнейшем.

Здесь следует напомнить о двух подходах к изучению движения жидкости. С одной точки зрения, развитой Лагранжем, объектом изучения служит сама движущаяся жидкость, точнее говоря, её отдельные частицы, рассматриваемые как материальные частицы и заполняющие некоторый движущийся объём. При этом само изучение состоит в исследовании изменений ряда векторных и скалярных величин, характеризующих движение, в зависимости от времени и при переходе от одной частицы жидкого объёма к другой. С другой точки зрения, развитой Эйлером, объектом изучения является, строго говоря, не сама жидкость, а неподвижное пространство (или его определённая фиксированная часть), занятая движущейся жидкостью. При этом изучаются, в общем случае, изменения различных элементов движения в фиксированной точке пространства с течением времени и изменения этих же элементов при переходе к другим точкам пространства.

Для полноты картины нужно записать ещё закон сохранения энергии. В данном случае его можно записать в виде уравнения Бернулли - Сен-Венана, поскольку течение осуществляется без внешнего притока тепла:

$$\left(\frac{u^2+v^2}{2}+\frac{\gamma}{\gamma-1}\cdot\frac{p}{\rho}\right)_{\text{скачок}}=\left(\frac{u^2+v^2}{2}+\frac{\gamma}{\gamma-1}\cdot\frac{p}{\rho}\right)_{\text{тело}}=\frac{u_\infty^2}{2}+\frac{\gamma}{\gamma-1}\cdot\frac{p_\infty}{\rho_\infty}=Const \qquad (1.7)$$

Уравнение (1.7) ещё часто называют уравнением сохранения энтальпии H, поскольку функция энтальпии, рассчитываемая по формуле $H=\frac{U_\infty^2}{2}+\frac{\gamma}{\gamma-1}\cdot\frac{P_\infty}{\rho_\infty}$, не меняется при переходе через скачок уплотнения. Теперь, находя первые и вторые производные функций с помощью уравнений (1.5) - (1.7) и подставляя их в формулу (1.1) для разложения в степенной ряд, можно получить соотношения для параметров течения вблизи носка затупленного тела:

$$\begin{aligned} U_{\text{тело}} &= -B(x-L)-\frac{3B(x-L)^2}{2r}+\frac{3B}{2r} \\ V_{\text{тело}} &= B\cdot y+\frac{3B(x-L)y}{r} \\ P_{\text{тело}} &= -\frac{1}{2}B^2(x-L)^2\cdot\rho_{\text{кр}}-\frac{1}{2}B^2\cdot y^2\cdot\rho_{\text{кр}}-\frac{U_0^2\cdot\rho_{\text{кр}}}{A_{pr}-U_0-1} \\ \rho_{\text{тело}} &= \rho_{\text{кр}}-\frac{B^2(x-L)^2(A_{pr}+U_0-1)\rho_{\text{кр}}}{2\cdot U_0^2}-\frac{B^2\cdot y^2(A_{pr}+U_0-1)\rho_{\text{кр}}}{2\cdot U_0^2} \end{aligned} \qquad (1.8)$$

Здесь B – интенсивность скорости растекания, описываемая следующей формулой:

$$B=\partial v/\partial y=-\partial u/\partial x$$

Об упомянутом выше параметре B следует сказать особо. Поскольку речь идёт об особой точке, где присутствуют значительные градиенты скорости, поведение интенсивности скорости растекания в этом случае не может быть достаточно хорошо проанализировано с помощью вычислительных методов. Это наглядно демонстрирует приведённый ниже график (рисунок 1.2.), где представлены результаты численных расчётов произведения (rB), полученные независимо двумя коллективами авторов. Здесь сплошной линией представлены данные Любимова и Русанова [1], а штриховой линией – Лебедева и др.[2]. Видно, что поведение кривых на графике имеет принципиальное различие. Поэтому попытка получить искомое выражение для параметра B в аналитическом виде была бы особенно желательна. К тому же точная информация о величине интенсивности скорости растекания весьма полезна при исследовании тепловых режимов в носовой части профиля.

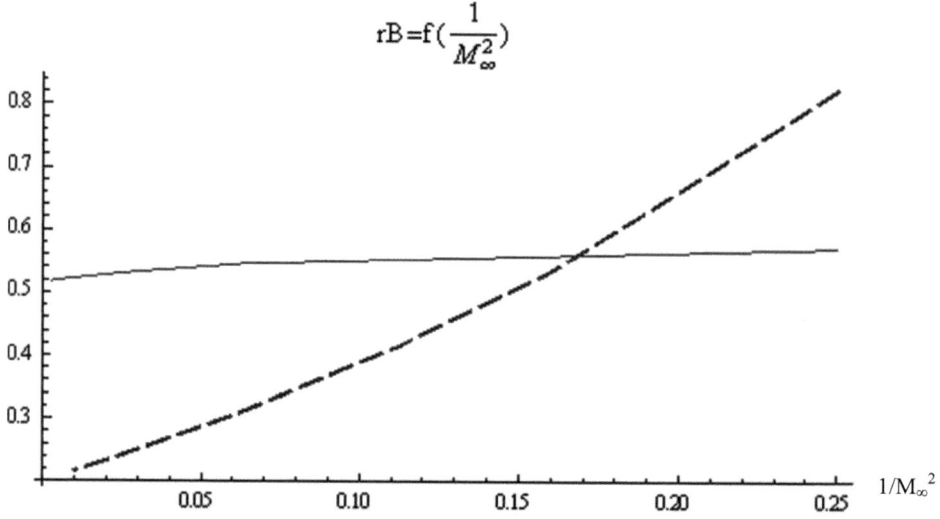

Рисунок 1.2. Зависимость произведения интенсивности скорости растекания B и радиуса кривизны профиля r – (rB) - от параметра $1/M_\infty^2$

На следующем этапе работы нужно провести сращивание полученных отрезков степенных рядов, при этом будет получен набор аналитических связей между параметрами, определяющими представленные здесь независимые разложения. Отрезки степенных рядов следует срастить в некоторой области между скачком и телом, т.е. в диапазоне 0<X<L. При этом возникает ряд трудностей, связанных с неопределённостью самого процесса сращивания решений. Искусство заключается в рациональном выборе линии или поверхности склейки.

Здесь следует более подробно остановиться на описании картин течения, генерируемых полученными отрезками степенных рядов. Для начала были рассчитаны поля скоростей в пространстве между скачком и телом. Полученные профиля скоростей в потоке представлены ниже (рисунок 1.3.). Линии уровня обоих компонент скорости представляют собой гиперболы. Жирной линией на этом рисунке показана поверхность носка затупленного тела. Компонента вертикальной скорости $v(x,y)$ претерпевает разрыв.

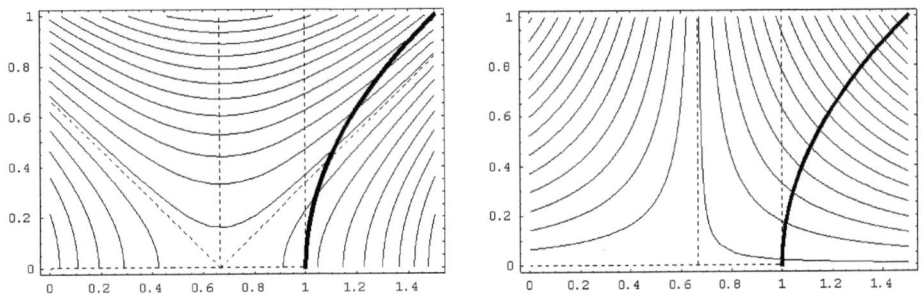

Рисунок 1.3. Линии уровня горизонтальной компоненты скорости $u(x,y)$ (слева) и вертикальной компоненты скорости $v(x,y)$ (справа)

Особенно наглядно поля течения могут быть исследованы с помощью характера и поведения линий тока, описывающих течения в областях 1 и 2 (см. схему течения на рисунке 1.1.). Взаимное расположение линий тока, их переход (гладкий или не очень) при смене уравнений, описывающих течения в соответствующих областях, особенно важен для исследователя, поскольку именно на основе этих картин течения и будет выбираться алгоритм проведения сращивания решений.

Запишем уравнение для произвольной линии тока:

$$\frac{dy}{dx} = \frac{V(x,y)}{U(x,y)}$$

Подставляя сюда выражения для компонент скорости из разложений (1.4) и (1.8) можно получить уравнения для линий тока в исследуемом течении.

Сначала запишем уравнение для семейства линий тока, определяемых разложением в степенной ряд сразу за скачком уплотнения (область 1 на рисунке 1).

$$y(\frac{b(1-U_0)}{A_{pr}} - x)^{\frac{1-U_0}{A_{pr}}} = Const \qquad b = \frac{U_0}{R(1-U_0)} \qquad (1.9)$$

Здесь вводится новый параметр b, определяемый радиусом кривизны скачка R. Итак, в общем случае, полученная картина линий тока здесь (рисунок 1.4.) удовлетворяет уравнению вида:

$$\frac{x}{y^k} = Const \qquad k = \frac{U_0 - A_{pr} + 1}{U_0 + A_{pr} - 1}.$$

Следует отметить, что на рисунке 1.4. приведено лишь одно семейство линий тока, ограничивающееся вертикальной асимптотой. Как поведут себя линии тока в оставшемся промежутке, пока неизвестно. Эти материалы будут представлены в дальнейшем, когда будет показана непрерывная картина линий тока во всей расчётной области.

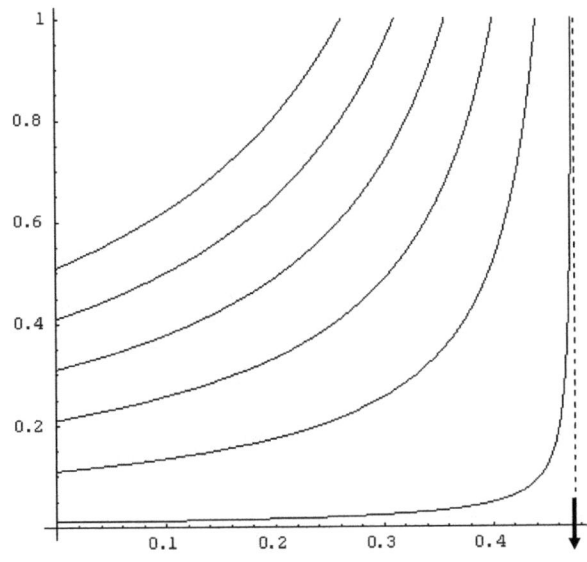

Слева приведена картина линий тока, определяемых разложением в степенной ряд сразу за скачком уплотнения. Как видно, линии тока в этом случае имеют форму, близкую к гиперболической с вертикальной асимптотой. Каждой конкретной линии соответствует своё значение параметра *b*.

Рисунок 1.4. Картина линий тока непосредственно за скачком уплотнения

Теперь запишем уравнение для семейства линий тока, образующихся вблизи затупленного симметричного профиля (область 2 на рисунке 1).

$$\frac{y^3}{3} - 2 \cdot a(x-L)y - (x-L)^2 \cdot y = Const \quad a = \frac{1}{3 \cdot r} \quad (1.10)$$

Здесь опять вводится в рассмотрение новый параметр *a*, определяемый радиусом кривизны передней части профиля r. Ниже (рисунок 1.5.) приведена картина линий тока, описываемых данным уравнением. Облик каждой приведённой линии определяется численным значением параметра *a*. Область предполагаемой склейки двух течений обозначена жирной стрелкой на рисунках (1.4.) и (1.5.). Как видно, в обоих случаях вид линий тока, их наклоны и кривизна имеют принципиальное различие. Особенно это проявляется в области предполагаемого сращивания, в которой семейство линий тока, описываемых уравнением (1.9), имеет вертикальную асимптоту. Семейство же

15

линий тока, образующихся вблизи критической точки (1.10), в этой области, наоборот, подходит практически горизонтально к области сращивания. В промежуточной области между двумя асимптотами, существует ещё одна область течения, которая должна, видимо, описываться каким-то композитным решением. В данной постановке для удобства анализа будем считать эту область бесконечно малой. Подобрать одну кривую для оптимальной склейки всех параметров невозможно. Здесь, в выборе возможной и наиболее рациональной поверхности склейки и будет проявляться искусство и смекалка исследователя.

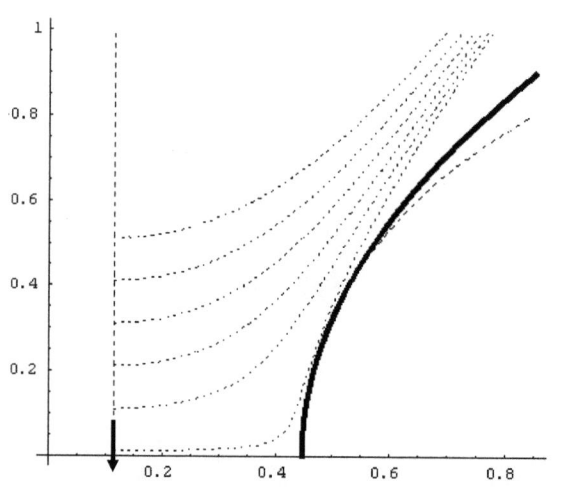

Вблизи затупленного тела наблюдается более сложная картина течения (рисунок слева). Асимптота в данном случае – линия, где V = 0. Жирной линией здесь изображена передняя часть профиля, имеющая во втором приближении параболическую форму.

Рисунок 1.5. Картина линий тока в критической точке

Приведём ещё картину линий тока во всём рассматриваемом течении (рисунок 1.6.). Представленные на этом рисунке линии тока рассчитаны в квадратичной постановке и слева (в области скачка) и справа (вблизи носка тела). В левой части рисунка жирная линия ограничивает семейство линий тока, генерируемых разложениями в степенной ряд для скачка уплотнения.

16

Здесь во втором приближении происходит смена кривизны. Это легко видеть, если сравнить наклон этой линии с положением вертикальной асимптоты на рисунке 1.4. Жирная линия в правой части рисунка обозначает контур тела во втором приближении (линия с меньшим наклоном). Две симметричные жирные линии ограничивают внутреннюю область течения. Оказалось, что в уравнения для линий тока не вошёл параметр B – интенсивность скорости растекания. Это приятный факт для исследователя, поскольку параметр B является наиболее трудно анализируемым.

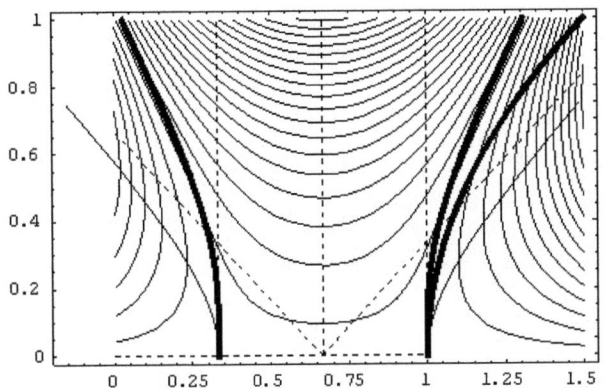

Рисунок 1.6. Картины линий тока во всей расчётной области

Все эти рисунки приведены здесь для того, чтобы показать, что сращивание двух решений далеко не является задачей простой и однозначной. Например, добавление третьих членов в уравнение для линий тока вблизи носка профиля лишь ухудшило картину обтекания и поставило ряд новых вопросов. Итак, главная задача – выполнить сращивание решений способом, наиболее приближенным к реальным картинам течения. Поэтому в области склейки двух разложений было предложено сращивать не только такие газодинамические величины как компоненты скорости, давление и плотность, но также применять и интегральные законы склейки. В итоге было записано 4 основных уравнения, полученных из ряда условий сращивания, а именно:

1. Условие равенства наклонов линий тока:

$$\frac{\rho \cdot V}{\rho \cdot U}\bigg|_{\text{скачок}} = \frac{\rho \cdot V}{\rho \cdot U}\bigg|_{\text{тело}} \tag{1.11}$$

2. Закон сохранения массы:

$$\int_0^{y_{\text{сращ}}} (\rho \cdot u)\, dy\bigg|_{\text{скачок}} = \int_0^{y_{\text{сращ}}} (\rho \cdot u)\, dy\bigg|_{\text{тело}} \tag{1.12}$$

3. Закон сохранения вертикальной составляющей количества движения:

$$\int_0^{y_{\text{сращ}}} (\rho \cdot u \cdot v)\, dy\bigg|_{\text{скачок}} = \int_0^{y_{\text{сращ}}} (\rho \cdot u \cdot v)\, dy\bigg|_{\text{тело}} \tag{1.13}$$

4. Закон сохранения горизонтальной составляющей количества движения:

$$\int_0^{y_{\text{сращ}}} (p + \rho \cdot u^2)\, dy\bigg|_{\text{скачок}} = \int_0^{y_{\text{сращ}}} (p + \rho \cdot u^2)\, dy\bigg|_{\text{тело}} \tag{1.14}$$

Следует отметить, что закон сохранения энергии в данной постановке задачи применить не удалось, поскольку он обращается в тождество. Также необходимо обратить внимание на не совсем привычную форму записи первого соотношения для условия равенства наклонов линий тока. Обычно это условие имеет следующий вид:

$$\frac{V}{U}\bigg|_{\text{скачок}} = \frac{V}{U}\bigg|_{\text{тело}}$$

Но добавление в это выражение плотности ρ в виде сомножителя на первый взгляд ничего не меняет в формуле по своей сути, но значительно упрощает уравнение в дальнейшем при использовании степенных рядов и отбрасывании членов более высокого порядка.

Итак, мы имеем 4 условия сращивания, из которых после ряда преобразований были получены 4 алгебраических уравнения. Напомним, что неизвестными параметрами задачи являются: $x_{сращ.}$, $y_{сращ.}$, r, R, B, L и $\rho_{кр}$. То есть пока неизвестных параметров семь. Но их количество может быть уменьшено при переходе к безразмерным переменным. К тому же, постулат об адиабатичности течения позволяет получить выражение для искомой величины плотности.

Здесь следует вспомнить о том, что функция энтропии S постоянна вдоль оси у. Это условие можно записать в виде уравнения: $u\dfrac{\partial s}{\partial x} - v\dfrac{\partial s}{\partial y} = 0$. Но поскольку на оси $y = 0$ компонента вертикальной скорости $v = 0$, а горизонтальная, напротив - $u \neq 0$, то отсюда следует, что функция энтропии не зависит от x: $\dfrac{\partial s}{\partial x} = 0$. Далее можно применить уравнение адиабаты: $\left(\dfrac{p}{\rho^{\gamma}}\right)_{скачок} = \left(\dfrac{p}{\rho^{\gamma}}\right)_{тело}$. После подстановки в это выражение соответствующих отрезков степенных рядов (1.4) и (1.8) получается соотношение, не зависящее от $x_{сращ.}$ и $y_{сращ.}$. Отсюда можно получить формулу для плотности воздуха в критической точке.

$$\rho_{кр} = \frac{(1+\gamma)M_{\infty}^2 \cdot (2(1-\gamma+2\cdot\gamma\cdot M_{\infty}^2))^{\frac{1}{1-\gamma}}}{(2-M_{\infty}^2+\gamma\cdot M_{\infty}^2)\cdot((1+\gamma)^2\cdot M_{\infty}^2)^{\frac{1}{1-\gamma}}}$$

После ряда несложных выкладок удалось получить два независимых уравнения equation1 и equation2 , в которые не входят координаты точки сращивания $x_{сращ.}$ и $y_{сращ.}$, а в качестве неизвестных присутствуют лишь следующие безразмерные переменные: $w = r\cdot B$, $q = R\cdot B$ и $l = L\cdot B$.

equation 1 =

$$-3w - 6U_0 + 9wU_0 + 18U_0^2 - 9wU_0^2 - 18U_0^3 + 3wU_0^3 + 6U_0^4 + 3lqw \cdot \rho_{\kappa p} + 3lqU_0 \cdot \rho_{\kappa p} +$$

$$3qwU_0 \cdot \rho_{\kappa p} - 6lqwU_0 \cdot \rho_{\kappa p} - 3q^2wU_0 \cdot \rho_{\kappa p} - 6lqU_0^2 \cdot \rho_{\kappa p} - 3q^2U_0^2 \cdot \rho_{\kappa p} - 6qwU_0^2 \cdot \rho_{\kappa p} +$$

$$3lqwU_0^2 \cdot \rho_{\kappa p} + 3q^2wU_0^2 \cdot \rho_{\kappa p} + 3lqU_0^3 \cdot \rho_{\kappa p} + 3q^2U_0^3 \cdot \rho_{\kappa p} + 3qwU_0^3 \cdot \rho_{\kappa p} - lq^2wU_0 \cdot \rho_{\kappa p}^2 +$$

$$lq^2wU_0^2 \cdot \rho_{\kappa p}^2 + q^3wU_0^2 \cdot \rho_{\kappa p}^2 = 0$$

equation 2 =

$$3 - 3A_{pr} - 6U_0 + 9A_{pr}U_0 - 9A_{pr}U_0^2 + 6U_0^3 + 3A_{pr}U_0^3 - 3U_0^4 - 6lq \cdot \rho_{\kappa p} + 6lqA_{pr} \cdot \rho_{\kappa p} +$$

$$6lqU_0 \cdot \rho_{\kappa p} + 6q^2U_0 \cdot \rho_{\kappa p} - 12lqA_{pr}U_0 \cdot \rho_{\kappa p} + 3q^2A_{pr}U_0 \cdot \rho_{\kappa p} + 6lqU_0^2 \cdot \rho_{\kappa p} + 6lqA_{pr}U_0^2 \cdot \rho_{\kappa p} -$$

$$3q^2A_{pr}U_0^2 \cdot \rho_{\kappa p} - 6lqU_0^3 \cdot \rho_{\kappa p} - 6q^2U_0^3 \cdot \rho_{\kappa p} - lq^2w \cdot \rho_{\kappa p}^2 + lq^2wA_{pr} \cdot \rho_{\kappa p}^2 + q^3wU_0 \cdot \rho_{\kappa p}^2 -$$

$$lq^2wA_{pr}U_0 \cdot \rho_{\kappa p}^2 - q^3wA_{pr}U_0 \cdot \rho_{\kappa p}^2 - 9q^2U_0^2 \cdot \rho_{\kappa p}^2 + lq^2wU_0^2 \cdot \rho_{\kappa p}^2 + q^3wU_0^2 \cdot \rho_{\kappa p}^2 + 9q^2U_0^3 \cdot \rho_{\kappa p}^2 = 0$$

Итак, мы имеем два уравнения с тремя неизвестными. Как видно, для получения полного аналитического решения требуется ещё одно уравнение, а значит и ещё одно дополнительное условие сращивания. Попробуем в качестве этого дополнительного условия выбрать закон сохранения момента количества движения, который записывается в виде следующего интегрального соотношения:

$$\int_0^{y_{cpaщ}} \left(x(\rho uv) - y(p + \rho u^2) \right) dy_{cкачок} = \int_0^{y_{cpaщ}} \left(x(\rho uv) - y(p + \rho u^2) \right) dy_{тело} \quad (1.15)$$

При использовании этого уравнения в качестве недостающего пятого звена к записанным выше условиям сращивания (1.11) - (1.14) получается некий полином, который распадается на два квадратных уравнения. Уравнения были решены, но при этом во всех случаях значение $x_{cpaщ}$ выпадало из области допустимых значений $0<X<L$, т.е. сращивание происходило либо перед скачком уплотнения ($X<0$), либо внутри рассматриваемого тела ($X>L$). Очевидно, такое решение не имеет физического смысла в данной постановке задачи.

Следует отметить, что подбор пятого замыкающего уравнения имеет определённые трудности. Во-первых, это уравнение должно быть независимым, то есть не должно каким либо образом выводиться из одного из представленных выше условий сращивания. К тому же желательно, чтобы оно имело тот же порядок, иначе точность совместного решения такой системы уравнений будет невысока. Соотношение (1.15) удовлетворяет упомянутым выше условиям лишь с некоторой натяжкой, поскольку члены (ρuv) и $(p + \rho u^2)$ уже присутствуют в условиях сращивания (1.13) и (1.14). Поэтому выпадение решения из области допустимых значений в этом случае является в чём-то закономерным. Но, тем не менее, исследовать поведение интегрального соотношения (1.15) в качестве недостающего звена в системе уравнений было необходимо.

Следующий вариант – использование в качестве недостающего пятого уравнения соотношения для равенства параметров кривизны линий тока, получающихся в качестве решений для скачка и профиля. Для этого следует получить математические выражения вторых производных данных уравнений. Результат – дополнительное третье уравнение equation3 с уже известными безразмерными переменными $w = r \cdot B$, $q = R \cdot B$ и $l = L \cdot B$.

$equation3 =$
$6 - 24U_0 + 36U_0^2 - 24U_0^3 + U_0^4 - 12lq \cdot \rho_{кр} + 36lqU_0 \cdot \rho_{кр} + 12q^2U_0 \cdot \rho_{кр} - 36lqU_0^2 \cdot \rho_{кр} -$
$24q^2U_0^2 \cdot \rho_{кр} + 12lqU_0^3 \cdot \rho_{кр} + 12q^2U_0^3 \cdot \rho_{кр} + 3l^2q^2 \cdot \rho_{кр}^2 + 2lq^2w \cdot \rho_{кр}^2 - 6l^2q^2U_0 \cdot \rho_{кр}^2 -$
$6lq^3U_0 \cdot \rho_{кр}^2 - 4lq^2wU_0 \cdot \rho_{кр}^2 - 2q^3wU_0 \cdot \rho_{кр}^2 + 3l^2q^2U_0^2 \cdot \rho_{кр}^2 + 6lq^3U_0^2 \cdot \rho_{кр}^2 + 3q^4U_0^2 \cdot \rho_{кр}^2 +$
$2lq^2wU_0^2 \cdot \rho_{кр}^2 + 2q^3wU_0^2 \cdot \rho_{кр}^2 = 0$

В итоге получились два полинома шестой степени, но при их детальном исследовании выяснилось, что все возможные решения являются мнимыми и не могут удовлетворять первоначальным условиям поставленной задачи. Поскольку, производя дифференцирование, мы автоматически повышаем порядок уравнения, то его математический уровень становится отличным от других условий сращивания. Тем самым система уравнений становится системой, состоящей из уравнений различного порядка, и точность решения каждого из них различна. Это нарушает целостность задачи. Видимо, соотношение для равенства кривизны линий тока двух семейств также не удовлетворяет условиям, налагаемым на замыкающее уравнение в данной постановке.

Ещё один шаг – применение в качестве замыкающего пятого уравнения интегрального соотношения для сохранения циркуляции вектора скорости в потоке, которое имеет вид:

$$\int_0^{y_{cpau}} v dy_{ckaчoк} = \int_0^{y_{cpau}} v dy_{meлo} \qquad (1.16)$$

Следует напомнить, что условие (1.16) применимо лишь в данной постановке задачи, поскольку в потоке отсутствует завихренность, и только в этих условиях возможно сохранение циркуляции вектора скорости. В результате математических преобразований получился полином из 337 членов третьей степени по новой независимой переменной $l = L \cdot B$. Данное уравнение было решено, получено три действительных корня. Ниже (рисунок 1.7.) приводятся графики зависимости радиусов кривизны скачка R и тела r от $1/M^2_\infty$. На этом рисунке сплошной линией показаны полученные автором результаты, а точками - результаты численного расчёта [2]. Совпадение с расчётом неплохое, но, к сожалению, эти результаты также не могут быть признаны удовлетворительными. Как видно, на этих графиках значение r хоть и не намного, но превосходит значение R, а это противоречит начальным условиям задачи. Видимо, закон сохранения циркуляции нельзя считать полностью независимым условием сращивания, поскольку он чем-то напоминает (образно выражаясь) частное от деления уравнения (1.13) на (1.12). Следовательно, уравнение (1.16) может быть выписано на основе уже имеющихся математических предположений. Поэтому и были получены не совсем удовлетворительные результаты.

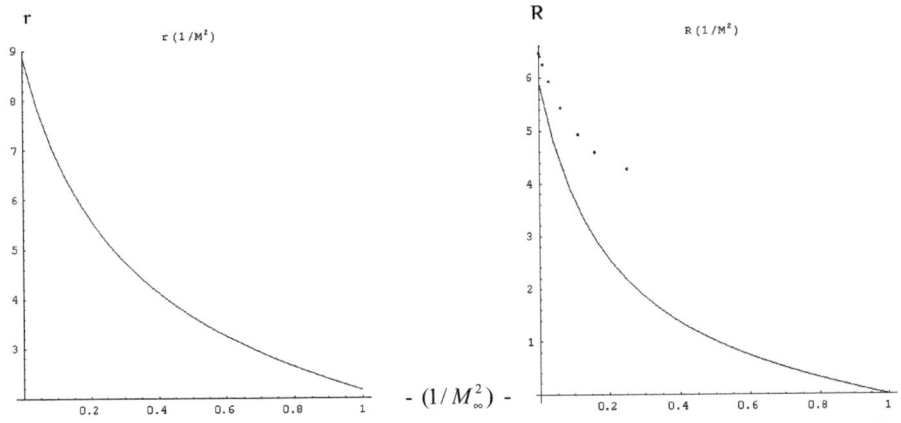

Рисунок 1.7. Графики зависимости радиусов кривизны профиля r и скачка R от скоростного параметра $(1/M_\infty^2)$

Конечно, в первую очередь, были исследованы и простейшие условия сращивания – равенство основных газодинамических параметров потока в точке сращивания на горизонтальной оси $y = 0$:

$$p_{\text{скачок}} = p_{\text{тело}}$$
$$\rho_{\text{скачок}} = \rho_{\text{тело}} \qquad\qquad (1.17)$$
$$u_{\text{скачок}} = u_{\text{тело}}$$

Но сразу видно, что первые два соотношения в системе условий (1.17) противоречат уравнению адиабаты. Эти условия, тем не менее, исследовались, но не дали положительных результатов.

Поскольку течение считается безвихревым, а, следовательно, и потенциальным, то было предложено рассмотреть и уравнение для равенства добавочных потенциалов для используемых разложений: $\varphi_{\text{скачок}}(x,y) = \varphi_{\text{тело}}(x,y)$. Но при этом возникли определённые трудности. Дело в том, что каждый потенциал в степенном ряду определяется с точностью

23

до своей произвольной аддитивной постоянной A_φ, зависящей, в свою очередь, от ряда параметров:

$$A_{\varphi\, тело} = f(B, r) \qquad A_{\varphi\, скачок} = f(U_0, R, A_{pr}).$$

Это вносит дополнительные неизвестные параметры в задачу и затрудняет процесс сравнения-совпадения.

Итак, пятое уравнение, являющееся независимым и удовлетворяющее всем условиям обтекания, получить не удалось. Поэтому имеет смысл применить к поиску линии сращивания полуэмпирический подход, так называемый метод «пристрелки» или метод научного «тыка». Это означает, что в качестве первого шага задаётся произвольная вертикальная линия сращивания с соответствующей координатой Х и выбираются те варианты, где наблюдается наилучшее согласование с уже известными расчётами. В качестве стартовой позиции были выбраны четыре значения координаты Х: а) - X = 0.4•L, б) – X = 0.6•L, с) – X = 0.8•L и д) – X = 0.9•L. Процесс оказался длительным и достаточно трудоёмким. Получаются уравнения пятой или шестой степени, которые затем решаются численно с помощью прикладного пакета программ MATHEMATICA (Wolfram Research, версия 8.0). В каждом случае было найдено несколько ветвей решения, есть мнимые корни либо отрицательные значения для радиусов кривизны R и r. Но во всех рассмотренных вариантах удалось получить и по одному действительному корню. Ниже (рисунок 1.8.) приводятся графики зависимости произведения $LB = f(1/M_\infty)^2$ для действительных ветвей решения всех рассмотренных выше вариантов предложенных вертикальных линий сращивания. Рисунок получился довольно наглядным, здесь хорошо видно, как ведут себя решения, по мере смены вертикальных асимптот. Видимо, сращивание должно осуществляться ближе к носку затупленного профиля, чем к скачку уплотнения.

На этом рисунке следует остановиться особо. Если в варианте «а» данные автора и расчёты не имеют общей области существования и расходятся очень сильно, то в варианте «б» уже наблюдается сближение решений. Наиболее приемлемым из этого набора оказался вариант «с» - X = 0.8•L. Решение здесь имеет точки пересечения с численными расчётами, соответствующее диапазону чисел Маха 2.4 < M_∞ < 2.85. Это, кстати, и те значения числа Маха, где расчёты Лебедева [2] и Русанова [1] хорошо согласуются между собой. Диапазон приемлемого согласования результатов и, соответственно, существования решения обозначен стрелками. Вариант «д» опять демонстрирует отсутствие общего решения, хотя кривые расположены почти эквидистантно. Видимо, линия склейки двух решений не должна подходить уж совсем вплотную к критической точке, а должна находиться в той области течения, где влияние скачкообразного изменения газодинамических параметров ещё не столь заметно.

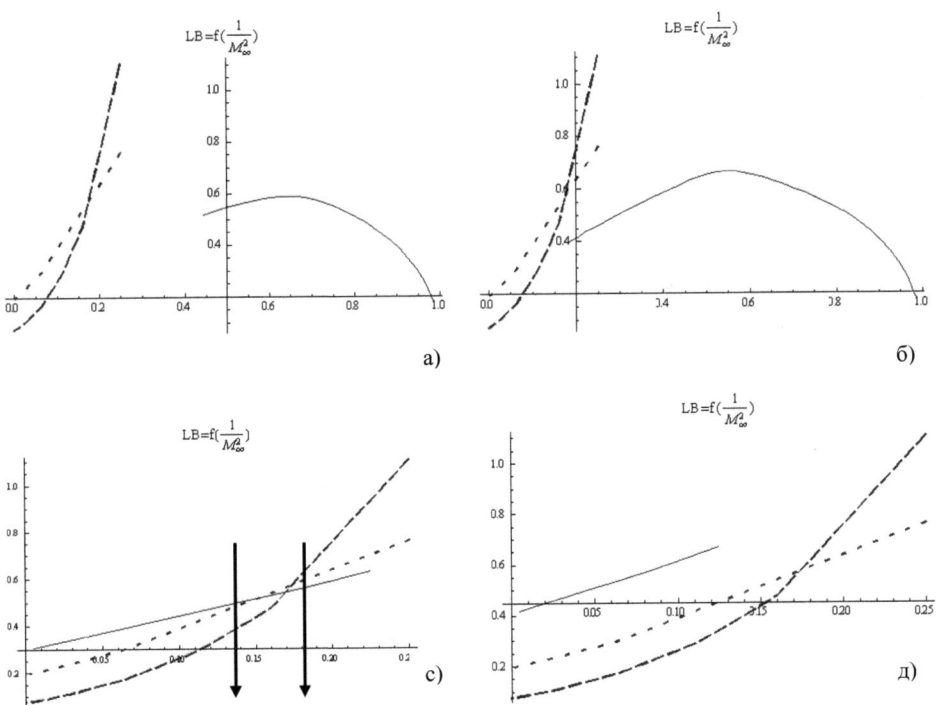

Рисунок 1.8. Графики зависимости произведения параметров LB=f$(1/M_\infty)^2$ для различных вертикальных линий сращивания

Из всех рассмотренных вариантов метод научного «тыка» продемонстрировал наиболее приемлемые результаты. Но и они демонстрируют хорошее согласование с численными расчётами лишь в небольшом диапазоне чисел Маха набегающего потока. Видимо, данная задача не имеет решения, одинаково приемлемого во всём диапазоне чисел Маха. В разных случаях нужно находить своё замыкающее пятое уравнение. Универсального решения пока найти не удалось. Но в запасе у автора имеется ещё один полуэмпирический подход, связанный с пространственным представлением линий, задаваемых уравнениями equation1 и equation2.

Для удобства дальнейшего анализа и большей наглядности вариант «с» рисунка 1.8. ниже представлен отдельно (рисунок 1.9.).

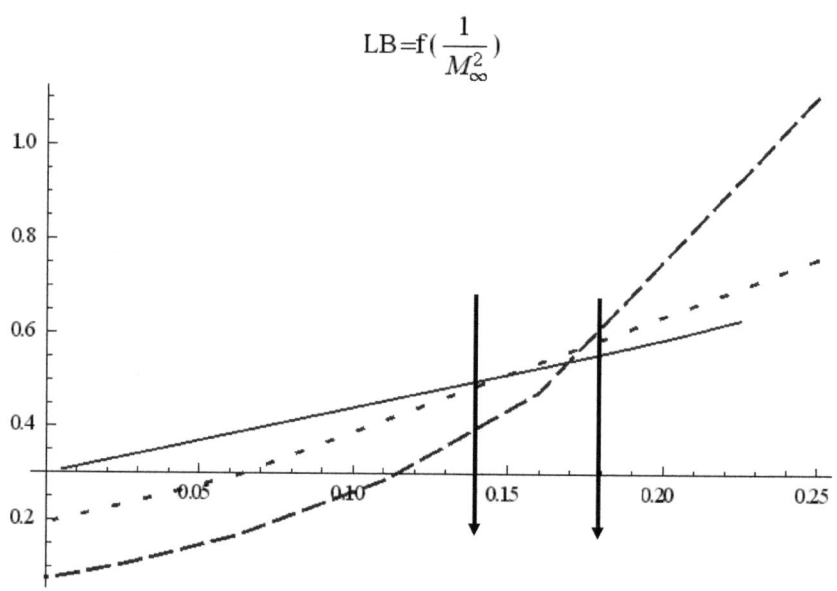

Рисунок 1.9. Сравнение полученных результатов с численным расчётом для вертикальной линии сращивания X=0.8•L

26

В процессе исследования полученные автором данные постоянно верифицировались, сравнение с численными данными проводилось даже для промежуточных результатов. Здесь и на последующих графиках сплошной линией представлены полученные автором результаты, штриховой – данные коллектива в составе Лебедева, Пчёлкиной и Сандомирской [2], а данные Любимова и Русанова представлены линией с более коротким штрихом [1].

Итак, было предложено рассмотреть ещё один, принципиально новый вариант. Для этого следует пойти по другому пути и попытаться понять, как расположены в пространстве друг относительно друга две кривые, заданные уравнениями equation1 и equation2.

Возможно, что эти кривые не имеют точек пересечения и лежат в никак не соприкасающихся друг с другом поверхностях. На эту мысль наводит представленный на следующей странице график (рисунок 1.10.), где демонстрируются две ветви кривых, представляющие собой два независимо полученных решения уравнений. Здесь сплошной линией обозначен график зависимости $BL = \Psi(BR)$, а штриховой – график функции $Br = F(BR)$. Эти две ветви получены при использовании равенства кривизны двух семейств линий тока, генерируемыми отрезками степенных рядов для скачка и тела, в качестве пятого замыкающего уравнения. Как видно, эти два решения не имеют точек пересечения. Следует отметить, что аналогичные картины были получены автором неоднократно в процессе исследования корней уравнений. Были получены и пространственные картины. Иногда получался и такой вариант, где кривые лежат в разных плоскостях.

В таком случае решение нужно искать в виде минимального расстояния между этими кривыми. Так мы подходим к ещё одному варианту получения замыкающего уравнения – это поиск минимума функционала, характеризующего расстояние между параметрическими заданными кривыми.

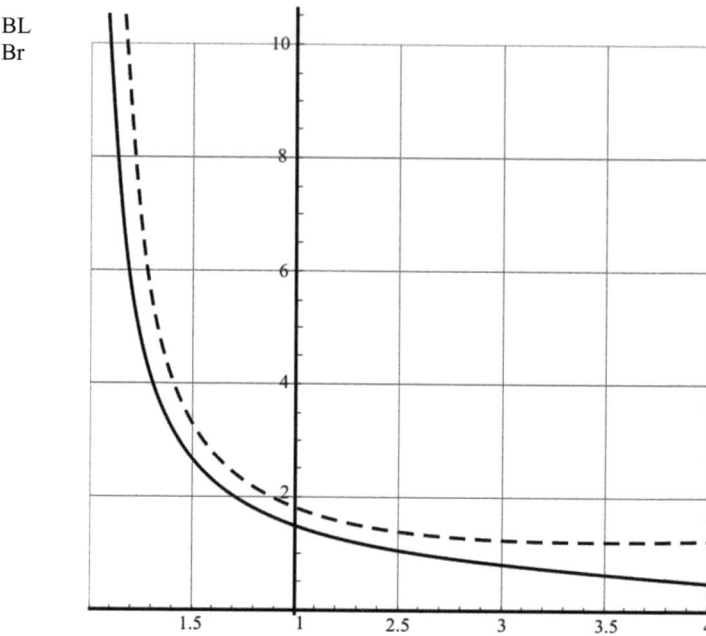

Рисунок 1.10. Две возможные ветви решения

В общем виде этот функционал имеет следующий вид с произвольными весовыми коэффициентами α, β и δ:

$$\phi = \alpha \cdot (q)^2 + \beta \cdot (w)^2 + \delta \cdot (l)^2 \tag{1.18}$$

После некоторых умозаключений и догадок для весовых коэффициентов были выбраны определённые алгебраические соотношения, и функционал (1.18) принял вид:

$$\phi = s^2 \cdot (U_0 - 1)^4 + 2025 \cdot (U_0 - 1)^2 \cdot U_0^{\ 4} \cdot F(s)^2 + U_0^{\ 4} \cdot \rho_{\kappa p}^{\ 4} \cdot G(s)^2$$

Здесь введена новая переменная s и новые функции этой переменной $F(s)$ и $G(s)$:

$$s = \frac{qU_0 \cdot \rho_{\kappa p}}{1 - U_0} \qquad F(s) = \frac{w}{3 \cdot U_0} \qquad G(s) = \frac{1}{U_0}$$

Этот подход к решению поставленной задачи оказался самым трудным. Но и самым интересным. Можно ожидать наиболее достоверных результатов. После многочисленных и достаточно трудоёмких выкладок удалось получить многочлен двадцатой степени по s. Без численного решения здесь обойтись не удалось. Как и ранее, часть корней были отвергнуты по причине несоответствия начальным условиям или области допустимых значений. Были и мнимые и отрицательные корни для величин радиусов кривизны скачка и тела, а также и для отхода скачка. Все ветви решения для функции $G(s)$ представлены на рисунке 1.11. Был проведён анализ поведения функций $F(s)$ и $G(s)$ во всём исследуемом диапазоне.

Функция $G(s)$ имеет пятый порядок по переменной s, на линии $s = Const$ располагается либо 5 точек, либо три точки, либо одна точка. На линии $G = Const$ располагается либо две точки, либо ни одной. Кривая функции имеет две вертикальных асимптоты: $s = 2$ и $s = 0$. Теперь опишем график функции $F(s)$. Кривая имеет две горизонтальные асимптоты: $F = 0$ и $F = -1$, также имеется вертикальная асимптота $s = 0$ и одна наклонная. Кривая имеет четвёртый порядок по переменной s, на линии $s = Const$ располагается либо три точки, либо одна точка. На линии $F = Const$ - либо две точки, либо ноль точек.

Но в итоге из всего этого разнообразия всё-таки удалось выделить одну действительную ветвь решения, которая соответствует начальным условиям задачи. Ниже (рисунок 1.12.) приводятся графики, где наблюдается приемлемое согласование с численными расчётами по величине отношения радиусов кривизны скачка и головной части профиля r/R.

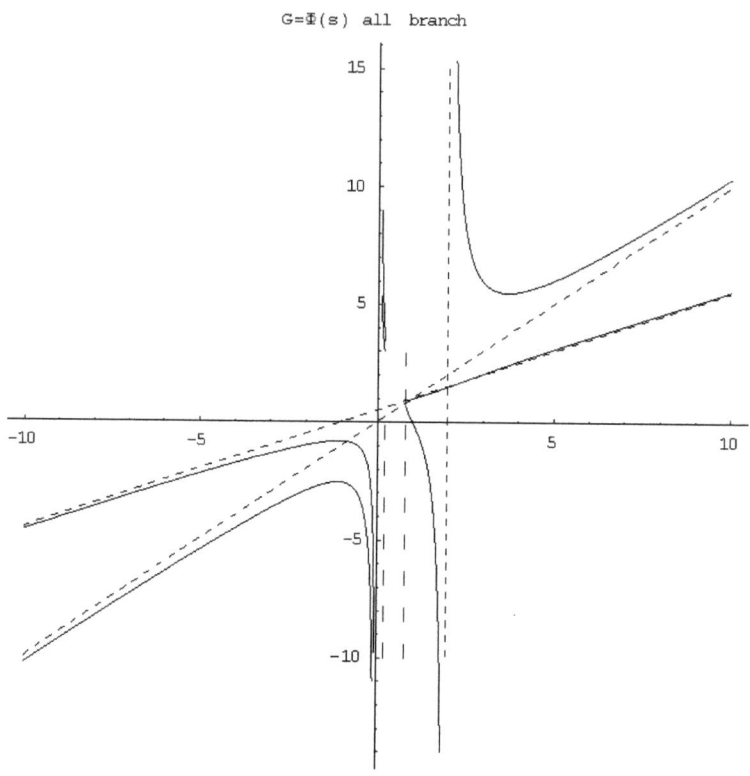

Рисунок 1.11. Исследование поведения функции $G(s)$ и всех ветвей решения

До этого (в предыдущих вариантах исследований) в данном варианте графиков не совпадал даже наклон кривых. Например, если в расчёте значение исследуемого параметра монотонно падает с ростом $1/M_\infty^2$, то аналитические результаты давали прирост параметра в этом диапазоне. Здесь, как и на предыдущих графиках, полученные автором результаты представлены сплошной линией, штриховой – данные коллектива в составе Лебедева, Пчёлкиной и Сандомирской [2], а данные Любимова и Русанова [1] представлены линией с более коротким штрихом.

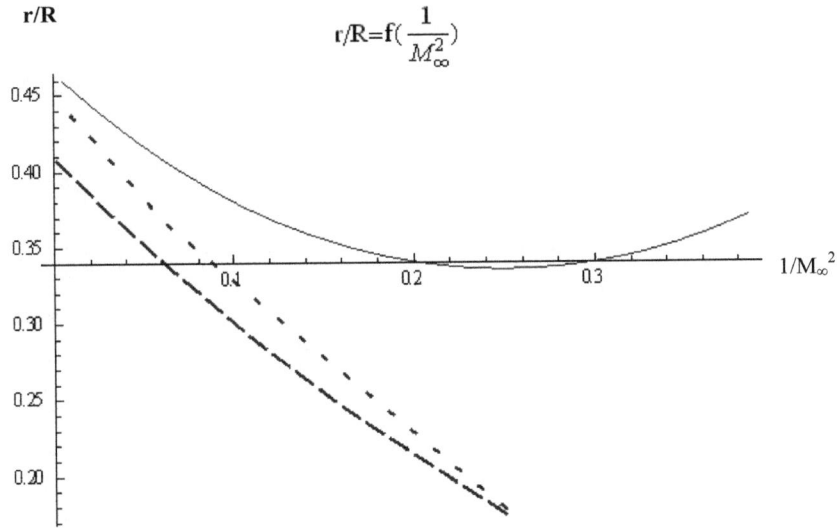

Рисунок 1.12. Сравнение результатов автора с численными расчётами

Приведённые не рисунке 1.12. результаты можно считать вполне удовлетворительными. Сравнение с численным результатом хорошее, особенно при больших сверхзвуковых значениях числа Маха набегающего потока M_∞ ($M_\infty > 2.2$). В основном этот диапазон и интересует инженеров-практиков, занимающимися вопросами аэродинамического нагревания. При больших сверхзвуковых скоростях аэродинамический нагрев может привести даже к разрушению конструкции. Особенно подвержены разрушению передние кромки и носовые части летательных аппаратов, на которые приходится пик аэродинамических нагрузок. В результате обгара зачастую меняется и сама форма лобовых частей компоновки, что вызывает необходимость заново исследовать обтекание полученной конфигурации и рассчитывать её аэродинамические характеристики.

Полученные данные для отношения радиусов r/R были подставлены в исходные уравнения, и были рассчитаны координаты линии сращивания $x_{сращ.}$, $y_{сращ.}$. Получились довольно громоздкие выражения, которые здесь трудно привести в явном виде. Но рассчитанные решения для координат удовлетворяют области допустимых значений и располагаются в диапазоне $0 < x_{сращ} < L$.

Следует отметить, что данная работа ограничивается лишь проблемами сращивания, которые позволяют получить оценки для радиуса кривизны скачка уплотнения, отхода скачка уплотнения и интенсивности скорости растекания при заданных параметрах набегающего потока и радиусе кривизны профиля в критической точке. Аналитическое решение задачи об обтекании затупления, к сожалению, не удаётся получить с помощью степенных рядов в виде простой формулы. Но в данной работе в процессе проведения аналитических исследований получаемые промежуточные данные периодически сравнивались с результатами численных расчетов [1,2]. Ниже приведена таблица сравнения полученных аналитических данных с численными расчётами для числа Маха набегающего потока $M_\infty=2$.

$$\mathbf{M}_\infty = 2$$

	$U_{скачок}$	B	L	R	$\rho_{кр}$
Данные аналитических расчётов	0.375	0.410472	1.3369	5.83333	3.13358
Русанов [1]	0.374953	0.571225	1.331	5.628164	3.134
Лебедев [2]	0.375017	0.82303	1.343	5.7352	3.1325

Получилось удовлетворительное соответствие (кроме параметра ***B***, о чём подробно говорилось в начале главы). Стоит учесть, что рассматривались лишь первые и вторые члены разложений. Проведены достаточно трудоёмкие аналитические преобразования. В итоге удалось получить набор полуэмпирических зависимостей, позволяющих сделать аналитические оценки важнейших параметров течения.

В заключение этой главы автор хочет выразить благодарность Михайлову Юрию Яковлевичу, кандидату физико-математических наук, лауреату премии им. Н.Е. Жуковского за помощь в постановке задачи и обсуждение результатов.

Глава 2.

Исследование обтекания профилей с аналитически заданной формой дозвуковым потоком воздуха

Материалы, представленные в этой главе, также посвящены исследованию обтекания профилей равномерным потоком воздуха. Предложенный метод задания контура профиля относится к методам так называемой «быстрой геометрии», когда контур профиля формируется на основе изменения ряда параметров, а не описывается в виде таблиц с координатами отдельных точек. Это одно из главных достоинств рассматриваемого метода, позволяющее существенно сэкономить время пользователя.

В этой главе работы представлены результаты численного исследования полей течения, возникающих вблизи затупленных профилей с относительной толщиной $\bar{c} = 12$ %. При этом рассматривались как симметричные, так и несимметричные формы дозвуковых профилей. Хоть расчёт и был проведён численно с помощью методов вычислительной аэродинамики, но сама форма профиля, которая затем исследовалась и варьировалась, была задана аналитически. Был проведен систематический анализ влияния формы контура профиля на его аэродинамические характеристики.

Как правило, контуры профилей задаются координатами точек в виде таблиц для верхнего и нижнего контура профиля. В расчетах эти таблицы используются для создания математической модели, в которой точность вычисления локальных геометрических характеристик, особенно второй производной, очень сильно зависит от точности задания координат, их количества и расположения. Используемые при этом различные интерполяционные методы не позволяют непосредственно варьировать такие естественные параметры профиля как максимальная толщина, радиус затупления носка, угол раскрытия хвостика и т.д., а это обстоятельство весьма важно при рассмотрении задач оптимизации при аэродинамическом проектировании.

В таких задачах целесообразно использовать методы так называемой «быстрой геометрии» [5]. С этой целью предлагается использовать аналитическую модель геометрии профиля, когда его координаты связаны определённой функциональной зависимостью. Представленная в данной работе формула позволяет аналитически вычислить все необходимые геометрические характеристики профиля. Ограничимся рассмотрением дозвуковых профилей, которые характеризуются затупленной передней кромкой, что означает наличие точки с вертикальной касательной и конечным радиусом затупления носка. Таким образом, радиус затупления носка необходимо внести в число параметров профиля. Суммируя всё вышесказанное можно записать формулу, в которой форма контура затупленного профиля *y(x)* представляется следующей аналитической зависимостью:

$$y(x) = \sqrt{2\rho x} + \sum_{i=1}^{n} a_i x^i , \qquad (2.1)$$

где ρ - радиус затупления носка профиля, *n* – целое число. Функция (2.1) определяет контур дозвукового профиля с конечным значением радиуса затупления носка и сверхзвукового профиля при $\rho = 0$. Здесь предлагается исследование дозвуковых профилей: создание геометрического конура и построение сетки. Исследование сверхзвуковых профилей представляется более простым, поскольку первое слагаемое в формуле (2.1) в этом случае отсутствует.

Значение целого числа *n* соответствует количеству геометрических параметров профиля, необходимых для описания его контура. Эти параметры в дальнейшем будем называть параметрами формы профиля. Всякий профиль имеет максимальную толщину (рисунок 2.1.), которая может располагаться в разных местах по длине хорды профиля. Эти условия дают два геометрических параметра c_m и x_m. В общем случае профиль может иметь конечную толщину задней кромки, а контур профиля в этой точке наклонен под произвольным углом к хорде, т.е. имеем еще два параметра θ_1 и c_1. Таким образом, для перечисленного набора геометрических параметров число $n = 4$.

Перечисленные параметры однозначно связаны с коэффициентами a_i в формуле (2.1) следующим образом:

$$\begin{vmatrix} a_1 \\ a_2 \\ a_3 \\ a_4 \end{vmatrix} = \begin{vmatrix} 1 & 2 & 3 & 4 \\ 1 & 1 & 1 & 1 \\ x_m & x_m^2 & x_m^3 & x_m^4 \\ 1 & 2x_m & 3x_m^2 & 4x_m^3 \end{vmatrix}^{-1} \begin{vmatrix} tg\,\theta_1 - \sqrt{\rho/2} \\ c_1 - \sqrt{2\rho} \\ c_m - \sqrt{2\rho x_m} \\ -\sqrt{\rho/(2x_m)} \end{vmatrix}$$

Геометрия нижней поверхности задаётся аналогично.

Таким образом, для описания формы всего профиля можно использовать 9 параметров: один для радиуса затупления носка и по четыре параметра для нижнего и верхнего контуров профиля.

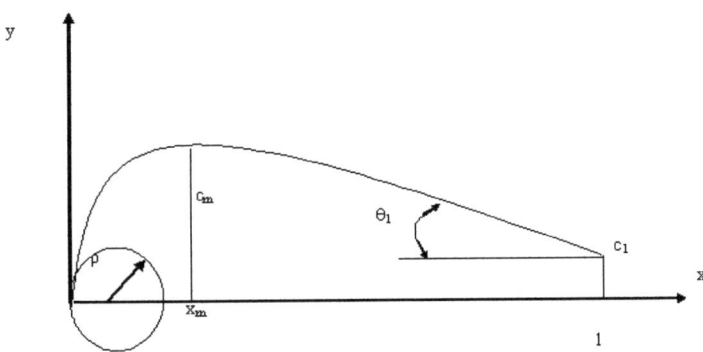

Рисунок 2.1. Основные геометрические параметры профиля

Ниже представлен файл – образец задания формы профиля с 4 параметрами (не включая радиус кривизны):

//upper side	верхняя сторона
0.025	//радиус кривизны передней кромки ρ
0.25	//положение максимальной толщины x_m
0.07	//максимальная толщина c_m
0.01	//высота задней кромки c_l
8	//угол наклона задней кромки θ_l

//lower side	нижняя сторона
0.025	//радиус кривизны передней кромки
0.25	//положение максимальной толщины
0.05	//максимальная толщина
0.01	//высота задней кромки
-8	//угол наклона задней кромки

Как видно, геометрия профиля задаётся в виде простых и понятных характеристик. В ходе расчётов варьировались следующие геометрические параметры: радиус затупления передней кромки, положение максимальной толщины профиля, углы наклона и высота задней кромки на верхнем и нижнем контуре. Положение максимальной толщины профиля, как и само её значение может быть различным для верхней и нижней поверхностей. Это важно знать при определении такого параметра, как относительная толщина профиля $\bar{c}$, которая определяется следующим образом:

$$\bar{c} = \frac{c_{m\,верхнее} + c_{m\,нижнее}}{в},$$

где $в$ – величина хорды профиля, а $c_{m\,верхнее}$ и $c_{m\,нижнее}$ - значения максимальной толщины верхней и нижней поверхностей профиля соответственно (см. рисунок 2.1.).

Следует отметить, что формула (2.1) является аналитическим представлением некоторого класса профилей, определяемых ограниченным набором геометрических параметров. Этой формулой удобно пользоваться, когда информации о форме профиля немного. В данной постановке, как было оговорено выше, будут варьироваться лишь четыре геометрических параметра профиля. Но для более детального описания формы профилей при наличии дополнительной информации об особенностях их поверхности количество этих параметров может быть существенно больше. Для расширения класса профилей, описываемых формулой (2.1), можно увеличивать значение константы n за счет дополнительных параметров контура профиля. Константу n можно увеличить до 7, добавив условие заданной второй производной в точке максимума y_m'', второй производной на задней кромке y_1'' и площади контура профиля S. Тогда, для определения коэффициентов a_i в формуле (2.1) необходимо решить систему линейных уравнений 7-го порядка:

$$
\begin{vmatrix} a_1 \\ a_2 \\ a_3 \\ a_4 \\ a_5 \\ a_6 \\ a_7 \end{vmatrix} = \begin{vmatrix} 1 & 1 & 1 & 1 & 1 & 1 & 1 \\ 1 & 2 & 3 & 4 & 5 & 6 & 7 \\ 1 & 2x_m & 3x_m^2 & 4x_m^3 & 5x_m^4 & 6x_m^5 & 7x_m^6 \\ x_m & x_m^2 & x_m^3 & x_m^4 & x_m^5 & x_m^6 & x_m^7 \\ 0 & 2 & 6 & 12 & 20 & 30 & 42 \\ 0 & 2 & 6x_m & 12x_m^2 & 20x_m^3 & 30x_m^4 & 42x_m^5 \\ \tfrac{1}{2} & \tfrac{1}{3} & \tfrac{1}{4} & \tfrac{1}{5} & \tfrac{1}{6} & \tfrac{1}{7} & \tfrac{1}{8} \end{vmatrix}^{-1} \begin{vmatrix} c_1 - \sqrt{2\rho} \\ tg\theta_1 - \sqrt{\rho/2} \\ -\sqrt{\rho/(2x_m)} \\ c_m - \sqrt{2\rho x_m} \\ y_1'' + \sqrt{\rho/2}/2 \\ y_m'' + \sqrt{\rho/(2x_m)}/(2x_m) \\ S - \tfrac{2}{3}\sqrt{2\rho} \end{vmatrix}
$$

На рисунках 2.2. и 2.3. изображены примеры аппроксимации аэродинамических профилей NACA 64A312 (относительная толщина 12%) и GAW(1) (относительная толщина 17.5%) соответственно с помощью формулы (2.1) для параметра $n = 7$. Маркерами в виде кружков на рисунках обозначены исходные точки профилей, а непрерывными линиями – контуры профилей, получившиеся в результате аппроксимации. Значения среднеквадратичной невязки для аппроксимированных профилей равны соответственно 0.0002 и

37

0.0014. Отметим, что если аппроксимировать профиль GAW(1) с помощью формулы (2.1) для параметра $n=8$, то значение среднеквадратичной невязки можно уменьшить до 0.00037. Под среднеквадратичной невязкой в данном случае понимается величина

$$\sum_{1}^{m} \frac{\left(y(x_i)_{\textit{табличное}} - y(x_i)_{\textit{полученное}}\right)^2}{m \cdot y(x_i)^2_{\textit{табличное}}},$$

где $y(x_i)_{\textit{табличное}}$ и $y(x_i)_{\textit{полученное}}$ - координаты точек, заданных в виде таблицы и точек, полученных в результате аппроксимации соответственно. Суммирование производится по всему количеству точек m, расположенных как на нижней, так и на верхней поверхностях профиля.

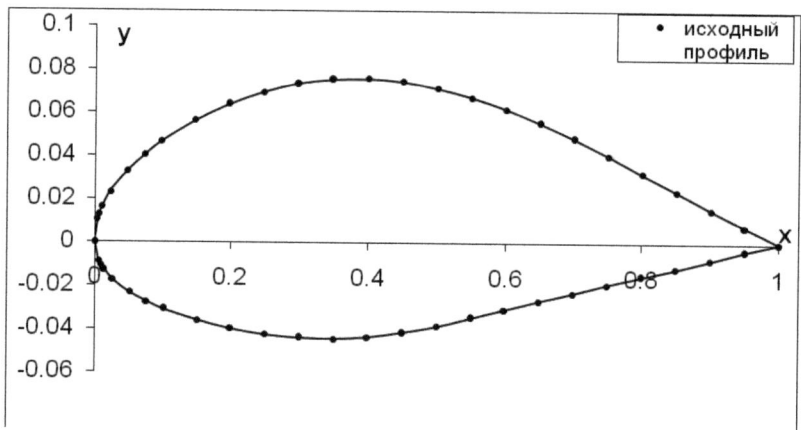

Рисунок 2.2. Аппроксимация профиля NACA 64A312

Проектирование профиля, отвечающего определенным требованиям, является стартовым и, поэтому, одним из важнейших этапов проектирования крыла ЛА. Традиционно профиль задается набором координат точек, описывающих его контур, однако, когда речь идет о проектировании и оптимизации формы контура под заданные требования, удобно пользоваться аналитическим представлением профиля (2.1). В данной работе, как уже упоминалось выше, количество параметров формы *n* будет равно 4. Это позволит довольно быстро сделать ряд необходимых оценок для сравнительного анализа аэродинамических характеристик профилей различных форм.

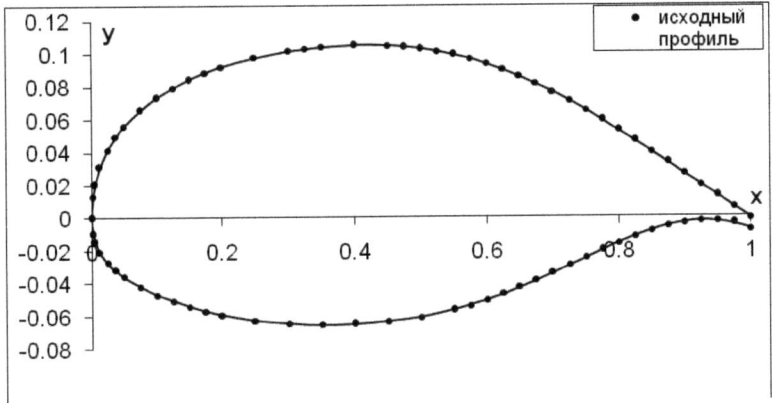

Рисунок 2.3. Аппроксимация профиля GAW(1)

При проектировании обычно рассматривается большое число вариантов профиля, и использование конечно-разностного метода требует построения расчетной сетки для каждого варианта. Для решения этой проблемы был разработан алгоритм и написана программа (автор – Разов А. А), которая в качестве исходных данных получает форму профиля, параметры расчетной сетки и размеры расчетной области, а на выходе генерирует файл в формате CGNS [6] с построенной расчетной сеткой.

CGNS (CFD General Notation System – общая система записи для задач вычислительной аэродинамики) появилась в 1994 году благодаря совместным усилиям компании Боинг и NASA и развивалась в дальнейшем за счет вклада многих организаций по всему миру. Введение данной системы является попыткой стандартизовать входные и выходные данные для задач вычислительной аэродинамики. Эти данные включают в себя расчетные сетки (как структурированные, так и неструктурированные), параметры решения задачи, параметры соединения различных расчетных блоков, граничные условия и другую вспомогательную информацию. Расчетная сетка, хранящаяся в файле формата CGNS, может быть экспортирована в предпроцессор CFX и других программных комплексов для расчета динамики жидкости.

CGNS использует ADF (Advanced Data Format – расширенный формат данных) – систему, которая создает бинарные файлы, переносимые между различными компьютерными платформами. Также CGNS включает библиотеку среднего уровня или так называемый API (Application Programming Interface – программный интерфейс приложений), который упрощает внедрение CGNS в существующие программы вычислительной аэродинамики. Все программное обеспечение для CGNS является полностью бесплатным и открытым для всех пользователей.

Для построения сетки используется 6 параметров. Три из них характеризуют сетку на поверхности профиля (рисунок 2.4.), это:

1. Максимальный угол между нормалями к профилю в соседних узлах сетки (α_{max}).

2. Максимальное расстояние между двумя соседними узлами сетки на поверхности профиля (L_{max}).

3. Расстояние между соседними узлами на задней кромке профиля (L_0).

Еще три параметра характеризуют сетку в пространстве около профиля:

4. Высота первой ячейки на поверхности профиля (H_0).

5. Коэффициент увеличения высоты ячеек по мере удаления от профиля (k).

6. Максимальная высота ячейки на горизонтальной оси (H_{max}).

Построение сетки начинается с выбора узлов на контуре профиля. Если профиль задан аналитически, то координаты каждой точки, а также вектор нормали легко определить. Если же профиль задан набором координат точек, то сначала строится сплайн, а затем с помощью него вычисляются координаты и нормали в любой точке.

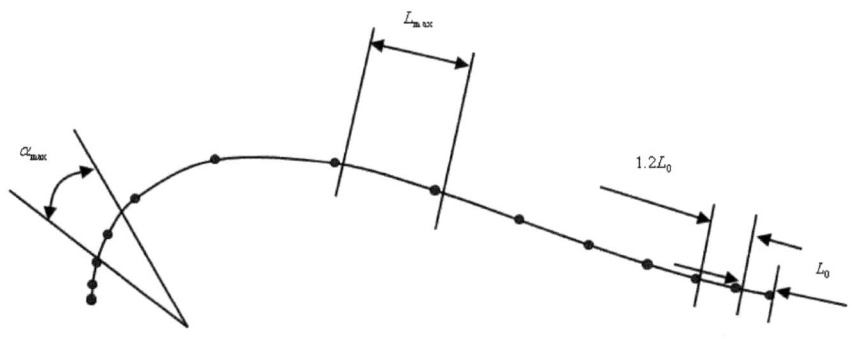

Рисунок 2.4. Узлы расчетной сетки на контуре профиля

Определение узлов на контуре профиля начинается с задней кромки, где задан размер ячейки – L_0. При движении к носку профиля, этот размер постоянно увеличивается с коэффициентом 1.2, при этом отслеживается, чтобы размер ячейки не превышал максимально допустимый L_{max}, и угол между нормалями в соседних узлах оставался не больше максимально допустимого α_{max} (рисунок 2.4.).

Далее строится сетка в расчетной области. Прежде всего, отметим, что в общем случае расчетная сетка состоит из 3-х блоков: верхний, нижний и хвостовой. Последний блок отсутствует, если профиль имеет острую заднюю кромку.

Построение верхнего и нижнего блоков производится идентично (см. рисунок 2.5.). Для начала строится линия от задней кромки профиля до задней границы расчетной области. Эта линия разбивается на ячейки, при этом размер ячейки близлежащей к задней кромке равен размеру ячейки на профиле у задней кромки L_0. Затем, по мере продвижения к задней границе расчетной области, размер ячеек увеличивается. Рост размера ячеек происходит согласно коэффициенту увеличения высоты ячеек по мере удаления от профиля k, пока

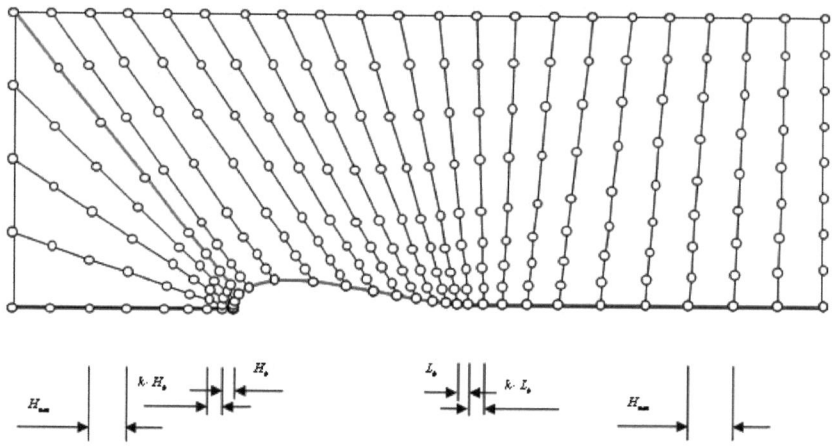

Рисунок 2.5. Узлы расчётной сетки около профиля

не достигнет значения, равного максимальной высоте ячейки на горизонтальной оси H_{max}. Таким образом, получается единая линия, включающая в себя контур профиля (изогнутая линия на рисунке) и продолжение к задней границе – основание верхнего/нижнего блока расчетной сетки.

Следующим шагом является определение, какая нормаль, выпущенная из узла сетки на контуре профиля, наиболее близко подойдет к пересечению передней и верхней границы расчетной области. Далее считаем, что из всех узлов, лежащих ближе к носику профиля относительно данного, линии сетки приходят на переднюю грань расчетной области, а из всех остальных – на верхнюю/нижнюю. При этом на каждой грани расчетной области расстояния между соседними узлами сетки одинаково. Все линии сетки, начинающиеся на профиле или его «продолжении» до задней грани расчетной области, являются прямыми.

Та часть прямых, которые начинаются непосредственно на профиле, разбиваются на ячейки согласно параметрам, заданным для объемной сетки. Высота первой ячейки задаётся непосредственно - это уже упоминавшееся выше значение H_0. Для последующих ячеек высота определяется умножением высоты предыдущей на коэффициент роста, то есть $H_i = H_{i-1} * k$. Данная операция выполняется до тех пор, пока высота ячейки, находящейся на горизонтальной линии сетки, исходящей из носика профиля, не достигнет максимального значения H_{max}. Как только это значение будет достигнуто, можно определить, сколько ещё ячеек максимального размера может поместиться на этой линии сетки. Это число округляется до целого в большую сторону, и оставшиеся части всех линий разбиваются на данное число ячеек.

В оставшейся области (позади профиля) строится расчетная сетка, узлы которой являются точками пересечения прямых, исходящих с «продолжения профиля», и прямых, исходящих из узлов расчетной сетки, находящихся на прямой, выпущенной из задней точки профиля. Прямые, исходящие из узлов расчетной сетки, находящихся на прямой, выпущенной из задней точки профиля, заканчиваются на задней грани расчетной области. При этом разбиение должно быть произведено таким образом, чтобы расстояние между узлами на задней грани было одинаковым.

В случае если профиль имеет тупую заднюю кромку, строится хвостовой блок расчетной сетки (рисунок 2.6.). Этот блок начинается на задней кромке, которая разбивается узлами сетки следующим образом. Ячейки, лежащие около линий продолжения профиля имеют высоту, равную высоте первых ячеек на поверхности профиля. По мере приближения к центру задней кромки размер ячеек растет по коэффициенту увеличения высоты ячеек по мере удаления от профиля ($H_i = H_{i-1} * k$). Из каждого полученного узла на задней кромке выпускается линия сетки к задней границе расчётной области. При этом расстояние между узлами на задней границе должно быть одинаковым как для хвостового блока, так и для верхнего и нижнего блоков расчетной сетки. Все эти линии разбиваются узлами аналогично тому, как это делалось для линии продолжения профиля к задней грани области.

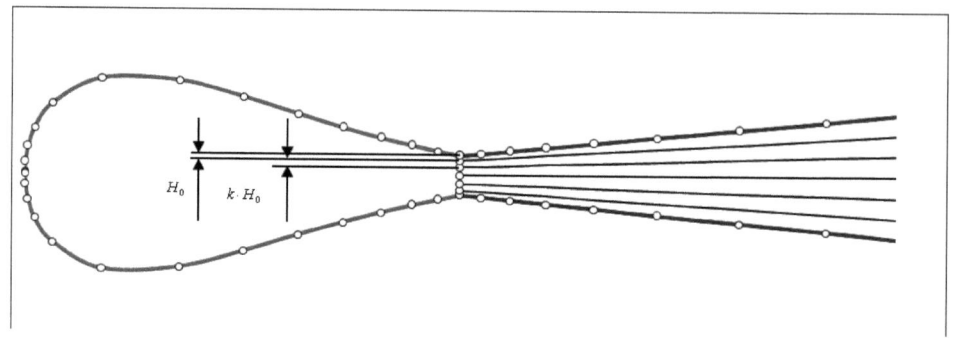

Рисунок 2.6. Расчётная сетка в хвостовом блоке

Полученные блоки расчетных сеток записываются в файл формата CGNS. После туда записываются параметры сшивания этих блоков и обозначаются поверхности для граничных условий. Таким образом, с помощью разработанной программы можно оперативно получать расчетные сетки для произвольного контура, готовые к использованию. Так как все расчетные сетки являются типовыми, в программе CFX можно подготовить специальный файл формата CCL, в котором описаны параметры расчета и граничные условия. Файл формата CCL или CFX Command Language представляет собой язык внутренних коммуникаций и команд в CFX-Post. Это простой язык, который может быть использован для создания объектов или выполнения различных действий в модуле Post-processor. Совместное использование подготовленной сетки и такого файла позволяет оперативно запускать новую конфигурацию на счет.

Более подробно с используемым здесь методом быстрой геометрии и алгоритмом построения структурированных расчётных сеток можно ознакомиться в работе [7]. Здесь авторы пошли дальше и рассмотрели не только

44

задачу о профиле, но и на основе данных разработок предложили решение задачи аэродинамического проектирования ЛА схемы «летающее крыло» ромбовидной формы в плане. При этом было построено две расчётные сетки: C-топологии в продольном направлении (для профиля) и H-топологии в поперечном направлении на поверхности ЛА.

Также нельзя не отметить, что методы «быстрой геометрии» особенно полезны при решении обратных задач, где построение профиля осуществляется по заданному распределению давления. В работе [8] данная задача решается оптимизационным методом. Здесь в качестве целевой функции используется интеграл квадратичной невязки давления, а варьируемыми переменными являются геометрические параметры профиля. Интеграл невязки давления представляет собой функционал вида:

$$\phi = \oint_L \left(P(x,y)_{заданное} - P(x,y)_{полученное} \right)^2 ds \,, \qquad (2.2)$$

где $P(x,y)_{заданное}$ - заданная функция распределения давления по поверхности профиля, а $P(x,y)_{полученное}$ - аналогичная функция, но уже получаемая авторами в процессе ряда итераций [9]. Результатом решения такой задачи в обратной постановке является нахождение минимума функционала (2.2), который является, в свою очередь, интегралом по замкнутому контуру (контуру профиля L в данном случае) от квадратичной невязки давления. Обратная задача решается в три этапа. Сначала решается прямая задача по определению распределения давления на поверхности в зависимости от заданной формы профиля и параметров набегающего потока. Затем происходит вариация формы профиля, которая тесно связана с первоначальными условиями задания его контура, а, следовательно, и с методами «быстрой геометрии». И уже затем, на третьем этапе, производится поиск минимума функции многих переменных, свойства которой в смысле дифференцирования и наличия локальных экстремумов заранее неизвестны.

В данной работе решается прямая задача обтекания затупленного профиля. В качестве инструмента исследований использовался численный алгоритм решения осредненных по Рейнольдсу полных уравнений Навье-Стокса для совершенного теплопроводного газа. Под совершенным понимается простейший случай идеального газа, в котором соотношение удельных теплоёмкостей γ постоянно. Под идеальным газом, в свою очередь, понимается такой газ (или смесь газов), молекулы которого не взаимодействуют на расстоянии и реакции диссоциации, рекомбинации и ионизации обусловлены лишь мгновенным взаимодействием молекул в момент столкновения. Модели идеального и совершенного газов являются наиболее простыми физическими моделями.

В литературе по аэрогидромеханике нередко встречается термин «реальный газ», под которым в каждом случае понимается конкретная, более или менее сложная, физическая модель газа. Естественно, усложнение физической модели течения принципиально позволяет получить очередное приближение к действительным явлениям природы – к течениям реального газа. Однако, всё многообразие физических явлений невозможно учесть в конкретной, пусть даже очень сложной, модели газа, хотя к этому и нужно всё время стремиться. Поэтому употребление термина «реальный газ» обычно является не совсем корректным. Как показывает опыт, в большинстве практических исследований модели совершенного газа бывает вполне достаточно, особенно для проведения сравнительного анализа аэродинамических характеристик семейства подобных моделей летательных аппаратов.

Запишем уравнения Навье-Стокса для вязкого течения в общем виде, включая и уравнение неразрывности:

$$\frac{\partial \rho}{\partial t} + \frac{\partial (\rho u)}{\partial x} + \frac{\partial (\rho v)}{\partial y} + \frac{\partial (\rho w)}{\partial z} + 0$$

$$\frac{\partial u}{\partial t} + u\frac{\partial u}{\partial x} + v\frac{\partial u}{\partial y} + w\frac{\partial u}{\partial z} = X - \frac{1}{\rho}\cdot\frac{\partial p}{\partial x} + \frac{\nu}{3}\cdot\frac{\partial (div\,\vec{V})}{\partial x} + \nu\cdot{}_{\triangle}u$$

$$\frac{\partial v}{\partial t} + u\frac{\partial v}{\partial x} + v\frac{\partial v}{\partial y} + w\frac{\partial v}{\partial z} = Y - \frac{1}{\rho}\cdot\frac{\partial p}{\partial y} + \frac{\nu}{3}\cdot\frac{\partial (div\,\vec{V})}{\partial y} + \nu\cdot{}_{\triangle}v \qquad (2.3)$$

$$\frac{\partial w}{\partial t} + u\frac{\partial w}{\partial x} + v\frac{\partial w}{\partial y} + w\frac{\partial w}{\partial z} = Z - \frac{1}{\rho}\frac{\partial p}{\partial z} + \frac{\nu}{3}\cdot\frac{\partial (div\,\vec{V})}{\partial z} + \nu\cdot{}_{\triangle}w$$

В системе уравнений (2.3) присутствует величина кинематического коэффициента вязкости $\nu = \dfrac{\mu}{\rho}$, пропорциональная коэффициенту внутреннего трения или коэффициенту вязкости μ. Коэффициент μ, в свою очередь может быть рассчитан по формуле для касательных напряжений $\mu = \dfrac{\partial^2 p}{\partial x \cdot \partial y} \cdot \dfrac{1}{\left(\dfrac{\partial u}{\partial y} + \dfrac{\partial v}{\partial x}\right)}$.

Далее проводится предложенный Рейнольдсом процесс осреднения или сглаживания уравнений гидродинамики по времени. Поскольку структура развитого турбулентного потока весьма сложна, следует отказаться от возможности получить точную математическую картину того, что происходит в каждой точке пространства и в каждый момент времени в турбулентном течении. Вместо этого приходиться обратиться к суммарно статистическому описанию явления. Нужно построить уравнения для сглаженного, осреднённого поля скоростей, для средних давлений и траекторий.

Чтобы «сгладить» какую-либо функцию $f(x)$ одного аргумента выбирают сглаживающую функцию $\omega(\xi)$, удовлетворяющую условию: $\int\limits_{-\infty}^{+\infty} \omega(\xi)d\xi = 1$. Сглаженная функция $\overline{f(x)}$ получается затем по формуле: $\overline{f(x)} = \int\limits_{-\infty}^{+\infty} f(\xi)\cdot\omega(x-\xi)d\xi$. Обычно в качестве $\omega(\xi)$ берут чётную, неотрицательную функцию, не возрастающую с ростом модуля аргумента.

Проведём сглаживание над правыми и левыми частями системы уравнений (2.3), пользуясь всегда одной и той же сглаживающей функцией, удовлетворяющее перечисленным выше условиям. В результате можно получить систему осреднённых по Рейнольдсу уравнений Навье-Стокса, которые в литературе иногда называют уравнениями Рейнольдса. Более подробно с выводом уравнений термодинамики для вязкой жидкости можно ознакомиться, например, в книге [10].

Расчеты проводились с использованием современного пакета прикладных программ "ANSYS CFX" (коммерческая лицензия ЦАГИ № 501024). Этот пакет содержит: модуль предварительной подготовки задачи (CFX-Pre), модуль решения задачи (CFX-Solver). Также в упомянутый выше пакет входят модули управления решением задачи (CFX-Solver Manager) и обработки полученных результатов (CFX-Post). Поскольку все модули связаны между собой, каждый пользователь может выполнить полный цикл аэродинамического расчёта. Результаты могут быть представлены не только в виде таблиц и графиков, но также могут быть продемонстрированы и полные картины течения, включая распределения полей давления, местного значения числа Маха, плотности и других газодинамических функций на всей поверхности обтекаемого тела.

Особенностью программного комплекса CFX является то, что он не работает с двумерными расчетными сетками, поэтому построенные для описания профилей расчетные сетки преобразуются в объемные с одной ячейкой в поперечном направлении.

Как уже отмечалось выше, полученные блоки расчетных сеток записываются в файл формата CGNS. Решение строилось на структурированной сетке (155 610 узлов) с использованием модели турбулентности Shear Stress Transport [11]. Ниже, на рисунке 2.7, приводится вариант построения расчётной сетки для одного из исследуемых профилей. Как видно, в продольном направлении, расчётная сетка имеет C-топологию. Наблюдается отчётливое сгущение узлов в носке профиля и на задней кромке.

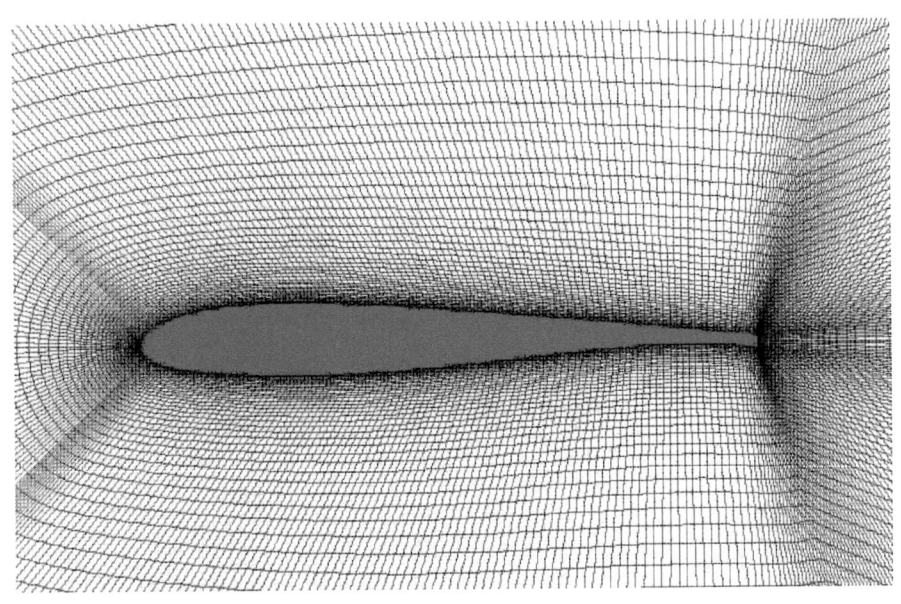

Рисунок 2.7. Построение двумерной расчётной сетки для профиля

Как уже упоминалось выше, в этой части работы исследуются турбулентные течения. Развитое турбулентное течение характеризуется тремя основными признаками: во-первых, большой пестротой и быстрой сменяемостью поля скоростей, во-вторых, неупорядоченностью в смене скоростей и, в-третьих, сопровождающим эту смену хаотичным перемещением частиц жидкости. Следует отметить, что программа CFX предоставляет широкий выбор моделей турбулентности, также в рамках этой программы может быть определена точка ламинарно-турбулентного перехода. В данном исследовании из всего числа предлагаемых была выбрана модель переноса сдвиговых напряжений (Shear Stress Transport - SST), основанная на модели k-ω, поскольку именно этот вариант наилучшим образом подходит для решения задач внешней аэродинамики. Скорость набегающего потока изменялась в пределах от 100 до 300 м/сек, а угол атаки – в диапазоне от -1° до 16°. В процессе исследования особое внимание было уделено тем режимам течения, при которых на рассматриваемых профилях реализуются максимальные значения подъёмной силы.

Было рассчитано большое количество профилей как симметричных относительно продольной оси, так и имеющих несимметричный профиль. В итоге для демонстрации работы предложенного метода были отобраны два несимметричных профиля, контуры которых представлены на рисунке 2.8. Они отличаются радиусом затупления передней кромки (0.5 – у *prof-nonsym* и 0.25 у *prof-nonsym8*). Профиль *prof-nonsym8* имеет также и более «горбатую» форму, что связано с перераспределением максимальных толщин на верхней и нижней поверхностях.

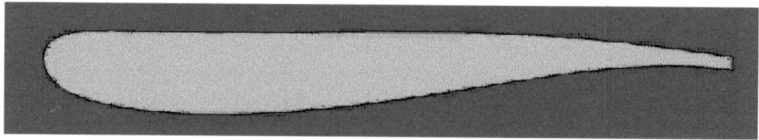

Контур профиля *prof-nonsym*

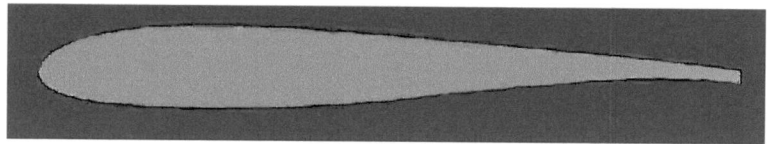

Контур профиля *prof-nonsym8*

Рисунок 2.8. Контуры профилей, отобранных для сравнительного анализа

Профиль, изображённый на верхнем рисунке, будем в дальнейшем именовать первым, а нижний – вторым.

Обычно всякое численное исследование начинается с представления эпюр распределения давления на верхней и нижней поверхностях профиля (см. рисунок 2.9.). Линии, расположенные ниже, демонстрируют распределение давления на верхней поверхности профиля, поскольку здесь, как правило, наблюдается разрежение потока. На нижней поверхности, наоборот, обычно присутствует поджатие, что в совокупности и создаёт необходимый эффект подъёмной силы.

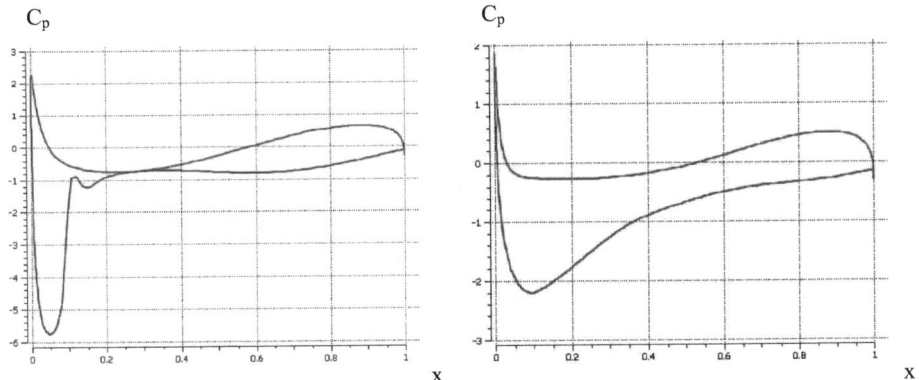

Рисунок 2.9. Распределение давления (C_p) на верхней и нижней поверхностях рассматриваемых профилей вдоль оси Х

Легко видеть, что для второго профиля (график справа) функция давления ведёт себя монотонно. На графике же слева, относящемся к первому профилю, видны отчётливые пики давления. Очевидно, что это может привести к росту сопротивления, срыву потока и другим нежелательным явлениям. Видимо, второй профиль оказывается более подходящим для проектирования крыльев дозвуковых ЛА с точки зрения распределения давления по поверхности. А эта функция, в свою очередь, определяет и все остальные интегральные характеристики, такие как подъёмная сила, сила сопротивления, моментные характеристики и аэродинамическое качество. Аэродинамическое качество определяется как отношение подъёмной силы к силе сопротивления и по-английски записывается как «lift-to-drag ratio». От величины аэродинамического качества напрямую зависти дальность полёта при заданном запасе топлива. Конечно, крыло это не весь летательный аппарат в целом, но с другой стороны – это основной несущий элемент, и от его лётных характеристик зависят и характеристики всей компоновки. Существует формула Бреге для определения дальности полёта L, которую здесь следует привести:

$$L = K \cdot U_{\text{крейс}} \cdot \overline{I_{y\partial}} \cdot \ln\left(\frac{1}{1 - \overline{\overline{I_t}}}\right). \tag{2.4}$$

В формуле (2.4) K – это уже упомянутое выше значение аэродинамического качества ($K = C_y / C_x$), $U_{\text{крейс}}$ – скорость крейсерского полёта, $\overline{I_{y\partial}}$ - удельный импульс, а $\overline{I_t}$ - относительный запас топлива. Величины $\overline{I_{y\partial}}$ и $\overline{I_t}$, в свою очередь, определяются соотношениями:

$$\overline{I_{y\partial}} = \frac{\text{тяга}}{\text{секундный расход топлива}} \qquad \overline{I_t} = \frac{\text{запас топлива}}{\text{вес ЛА}}$$

В настоящее время большой популярностью пользуются компоновки типа «летающее крыло». Один из примеров проектирования такого летательного аппарата представлен в работе [7]. Для конфигураций такого типа исследование аэродинамики профилей и улучшение их аэродинамических характеристик является первостепенной задачей.

Как уже отмечалось выше, имеющийся в пакете прикладных программ "ANSYS CFX" модуль обработки полученных результатов (CFX-Post) даёт широкие возможности для исследования поля течения вблизи профиля. Можно получить не только поля распределения давления, но и изотермальные, изобарические и изохорические линии. Можно исследовать поля распределения температур в потоке, на поверхности всего летательного аппарата или на отдельных его элементах. В рамках сравнительного анализа в работе приводится ещё одна картина течения (рисунок 2.10.) вблизи двух исследуемых профилей, характеризующая распределение местных значений числа Маха в потоке. Картинки получены при числе $M_\infty = 0.59$. Для большей наглядности представленные картинки снабжены цифровой диаграммой. Как видно, в случае обтекания первого профиля (на рисунке показан ниже) можно наблюдать отчётливые сверхзвуковые зоны на верхней поверхности профиля вблизи носка.

Если вернуться к графикам распределения давлений (рисунок 2.9.), то можно легко понять причину этого явления. Именно в этой зоне наблюдается резкий спад местного значения давления (зона разрежения), что и приводит к значительному увеличению местного значения скорости. Видимо здесь реализуется течение в виде волны разрежения Прандтля-Майера, обычно генерируемое при обтекании тупого угла. Именно таковой и является по топологии в первом приближении окрестность верхней поверхности первого профиля *prof-nonsym.*

Сверхзвуковые зоны, как и зоны завихренности являются весьма нежелательными, поскольку нарушают равномерную картину течения. К тому же, наличие сверхзвуковых зон указывает на наличие волнового сопротивления в этой области течения. Волновое сопротивление, в отличие от индуктивного, возникает в потоке либо при наличии скачка уплотнения, либо при наличии местных сверхзвуковых зон.

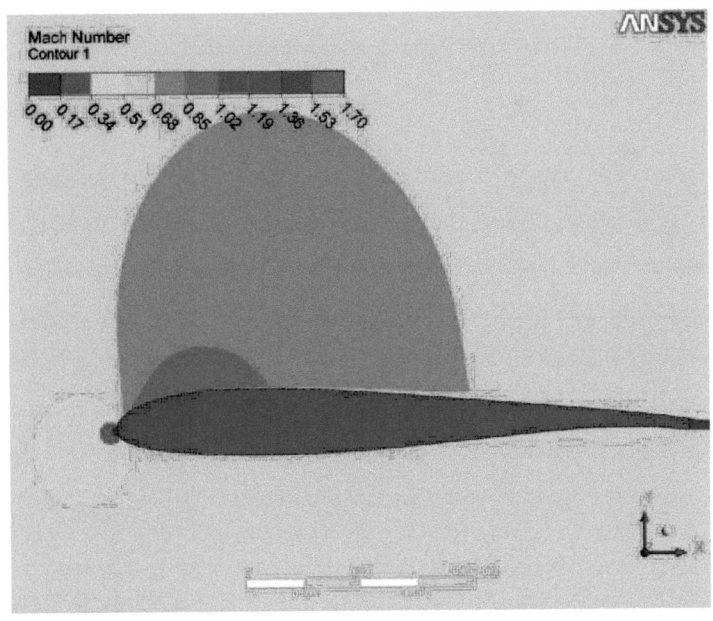

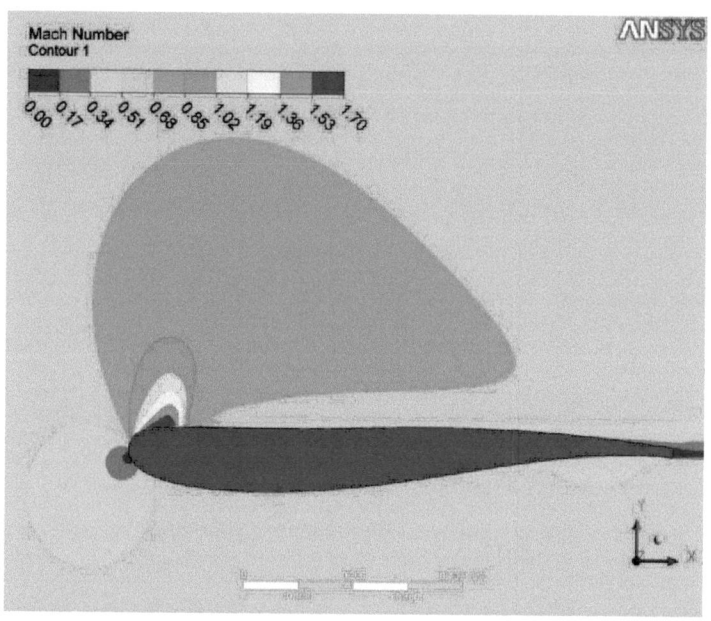

Рисунок 2.10. Линии уровней чисел Маха

Поскольку речь зашла о картинах течения, то нельзя не затронуть такой аспект, как поведение линий тока вблизи рассматриваемых профилей. Поэтому в продолжение исследования на рисунке 2.11. приведены картины линий тока, соответствующие режиму обтекания с максимальным значением подъёмной силы для обоих рассматриваемых профилей. Расчётное число Маха M_∞=0.368, для первого профиля этот режим осуществляется при угле атаки α=11°, а для второго профиля с улучшенной формой обвода - при α=15°. В первом случае наблюдается отчётливое вихреобразование вблизи конца кромки на верхней поверхности профиля, во втором случае обтекание проходит гладко. Явление вихреобразования крайне нежелательно, поскольку может привести к срыву потока.

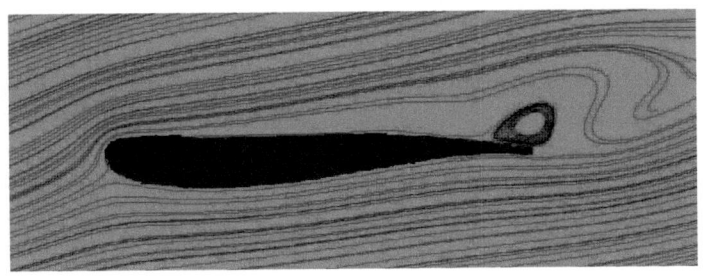

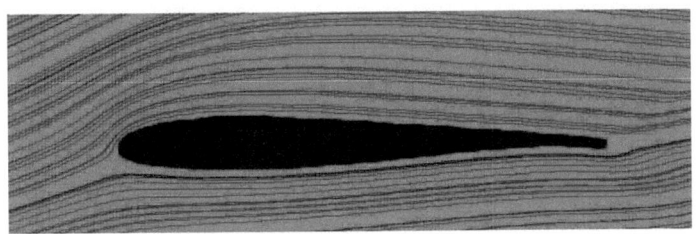

Рисунок 2.11. Картины линий тока

На следующем рисунке (рисунок 2.12.) приведён график изменения максимального значения коэффициента подъёмной силы $C_{y\,max}$ по мере роста числа Маха набегающего потока для этих профилей. На этом и последующих графиках данные для первого профиля обозначены прямоугольным маркером, а для второго — маркером в виде круга. О величине $C_{y\,max}$ следует сказать особо. Как известно, величина $C_{y\,max}$ определяет значение угла атаки, при котором происходит сваливание. Сначала происходит сваливание на крыло, этот процесс ещё не является периодическим. Но потом возможно и сваливание в штопор. Существуют нормы лётной годности, определяющие максимальное допустимое значение C_y в крейсерском режиме полёта $C_{y\,доп}$, которое по значению меньше $C_{y\,max}$. Величина $C_{y\,доп}$ определяется значением $C_{y\,max}$ и величиной нормированного вертикального порыва для данного летательного аппарата.

Поэтому, чем больше $C_{y\,max}$, тем меньше лётных ограничений. В частности, больше возможностей для маневрирования, полёта на больших углах атаки и больших высотах.

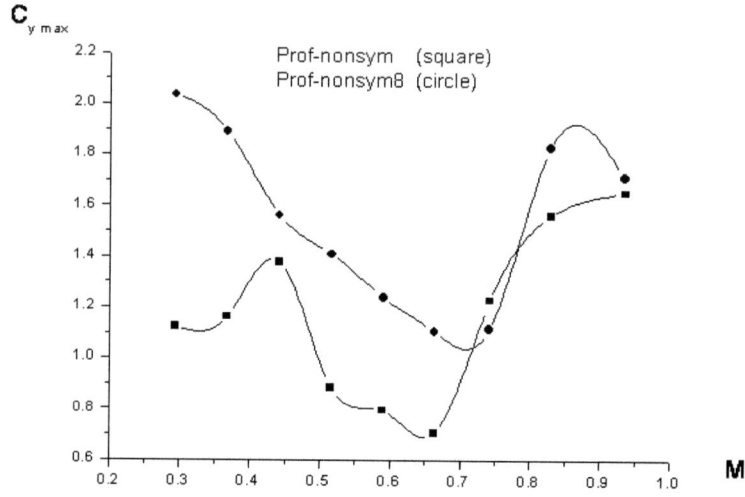

Рисунок 2.12. Графики изменения максимального значения подъёмной силы по числам Маха для профилей различной геометрии

Хоть кривые на графике 2.12. и ведут себя немонотонно, но, тем не менее, на их основании можно судить об аэродинамических преимуществах или недостатках исследуемых профилей. Как видно, второй профиль оказался предпочтительнее и с точки зрения значения $C_{y\,max}$ почти во всём дозвуковом диапазоне чисел Маха набегающего потока. В двумерной постановке коэффициент подъёмной силы C_y определяется как отношение подъёмной силы к аэродинамической хорде профиля b. Профиль при этом рассматривается в плане как узкая полоска крыла. Размах этой полоски условно принимается равным единице. Аналогично определяется и безразмерный коэффициент сопротивления C_x. Поэтому и величина площади S, к которой обычно относят безразмерные коэффициенты, будет равна $b•1$ или просто b.

Итак, $C_x = \dfrac{X}{b}$, а $C_y = \dfrac{Y}{b}$.

Сравнительный анализ поведения двух профилей с точки зрения их сопротивления будет представлен ниже.

Определение величины аэродинамического сопротивления, безусловно, важно само по себе. Это – одна из важнейших аэродинамических характеристик. Графики расчёта коэффициента сопротивления C_x представлены на рисунке 2.13. Кривые роста сопротивления, в отличие от кривых зависимости $C_{y\,max}$ от числа Маха набегающего потока, ведут себя более монотонно. На основании этих расчётов и построенных по ним графиков было получено значение такого важного для исследователей параметра, как критическое значение числа Маха $M_{крит.}$

Итак, в процессе численных исследований было получено значение критического числа Маха $M_{крит.}$ крейсерского полёта, при котором наблюдается резкое увеличение волнового сопротивления (рисунок 2.13.). Для этого было рассчитано сопротивление обоих профилей при одинаковом значении коэффициента подъёмной силы, в данном случае при $C_y = 0.5$. Оказалось, что и значение $M_{крит}$ также существенно выше для профиля *prof-nonsym8* (0.72 по сравнению с 0.54 для первого профиля).

Как известно, значение критического числа Маха $M_{крит.}$ определяется как то значение числа Маха набегающего потока M_∞, при котором скорость роста сопротивления профиля составляет 0.1 или по формуле $\dfrac{dC_x}{dM} = 0.1$. Поэтому величина $M_{крит.}$ определялась с помощью касательной на графике зависимости коэффициента сопротивления $C_x = f(M)$ (см. рисунок 2.13.). Критическое число Маха является одной из важнейших аэродинамических характеристик, поскольку после этого значения наблюдается бурный рост волнового сопротивления. Использовать летательный аппарат на закритических режимах обычно не рекомендуется. Поэтому летательный аппарат, снабженный крыльями с профилями, аналогичными *prof-nonsym8,* обладает большими возможностями для маневрирования по сравнению с крыльями, не обладающими оптимальной профилировкой.

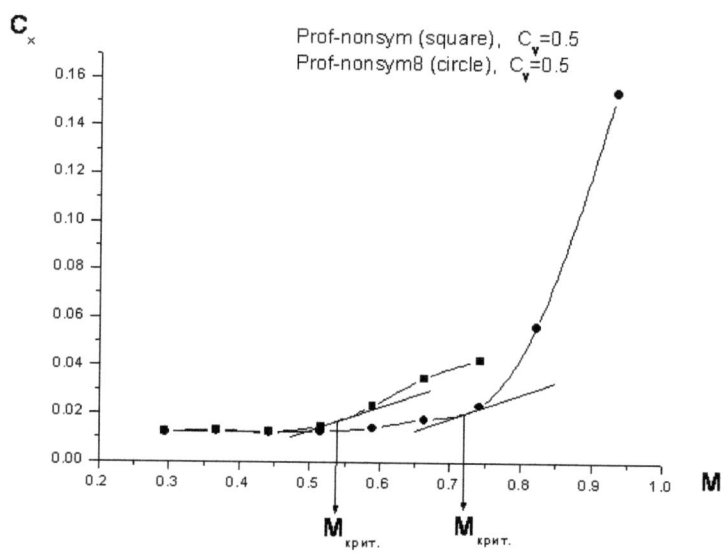

Рисунок 2.13. Определение критического значения числа Маха

Следует отметить, что расчёты проводились среди довольно широкого класса профилей, которые могут быть применены в качестве опорных сечений крыла дозвукового летательного аппарата, а также его вертикального и горизонтального оперения. Практика аэродинамического проектирования крыла показывает, что профиль, отвечающий определенным требованиям, может являться начальной информацией для проектирования крыла.

Также необходимо подчеркнуть, что при расчётах аэродинамических характеристик в процессе проектирования летательных аппаратов необходимо учитывать область применения методов расчёта и требования, которым они должны удовлетворять. Правильно выбранный метод даёт возможность сократить временные и финансовые затраты. Например, при частичной модификации крыла самолёта с целью увеличения скорости полёта, снижения сопротивления или улучшения взлётно-посадочных характеристик, когда часть контура профиля предполагается неизменной, методы автоматического проектирования и метод «быстрой геометрии» в частности могут быть особенно актуальны.

В заключение этого раздела работы автор выражает благодарность Теперину Леониду Леонидовичу, кандидату технических наук за помощь в постановке задачи и обсуждение результатов.

Заключение

Данная работа посвящена в основном аналитическим исследованиям. Несмотря на большое развитие численных расчётов и увеличение их доли в общей массе научных исследований в последнее время, аналитические методы до сих пор не теряют своей актуальности по двум причинам. Первая заключается в том, что ряд задач никогда не будет полностью описан методами вычислительной аэродинамики. Это касается всех течений в особых точках: точках торможения потока, на линиях излома поверхностей и во всех областях с большими градиентами газодинамических параметров. Вторая причина носит скорее прикладной характер, но не является при этом менее важной. Дело в том, что наличие простых аналитических выражений и полуэмпирических формул для получения быстрых оценок аэродинамических характеристик зачастую бывает очень полезно. Это позволяет хоть и не очень точно, но по своей сути правильно и быстро провести сравнительный анализ ряда предлагаемых аэродинамических форм и конструкций. Та компоновка, которая в силу вышеизложенного окажется оптимальной при данных режимах обтекания, будет проходить дальнейшую апробацию в рамках численных и экспериментальных исследований. Предложенная методика помогает значительно сэкономить время, потраченное на численные расчёты и дорогостоящий физический эксперимент.

Литература

1. А.Н. Любимов, В.В. Русанов. Течения газа около тупых тел. – М., «Наука», 1970 г.
2. М. Г. Лебедев, Л. В. Пчёлкина, И. Д. Сандомирская. Сверхзвуковое обтекание плоских затупленных тел. – Издательство Московского университета, 1974 г.
3. Бай Ши-И. Введение в теорию сжимаемой жидкости. Изд-во иностранной литературы, М., 1962 г.
4. Dugundgi J. An Investigation of the Detached Shock in Front of a Body of Revolution. *J. Aero. Sci.,* **15** (12), 699 (Decemder 1948).
5. Vachris A. F., Yeager L. S. QUICK-GEOMETRY – a rapid method for mathematically modeling configuration geometry. NASA SP-390, Washingtion D.C., 1975.
6. Rumsey C. L., Poirier D. M. A., Bush R. H., Towne C. E. A user's guide to CGNS//NASA/TM-2001-211236, pp.1-77.
7. В. В. Лазарев, А. А. Павленко, А. А. Разов, Л. Л. Теперин, Л. Н. Теперина. Аэродинамическое проектирование летательного аппарата ромбовидной формы в плане. – Учёные записки ЦАГИ., том XLII, № 4, 2011 г., стр.30-37.
8. Кутищев Г. П., Теперин Л. Л. Применение аналитического представления контура профиля для решения обратной задачи аэродинамики. – В сб. : Численные методы аэродинамического проектирования // Труды ЦАГИ, 2003, вып. 2655, с. 104-108.
9. Бузоверя Н.П., Кротков Д.П. Метод локальных вариаций поверхности в задачах оптимизации формы профиля. – Учёные Записки ЦАГИ, т. XIX, 1988.
10. Н. Е. Кочин, И. А. Кибель и Н. В. Розе. Теоретическая гидромеханика, т. II, Государственное изд-во технико-теоретической литературы, Москва-Ленинград, 1948.
11. Menter F., Kuntz M., Langtry R. Ten years of industrial experience with the SST turbulence Model // Turbulence, Heat and Mass Transfer 4, Begell House, Inc., 2003, pp. 1-8.

Printed by Books on Demand GmbH, Norderstedt / Germany